BROTHER | SISTER

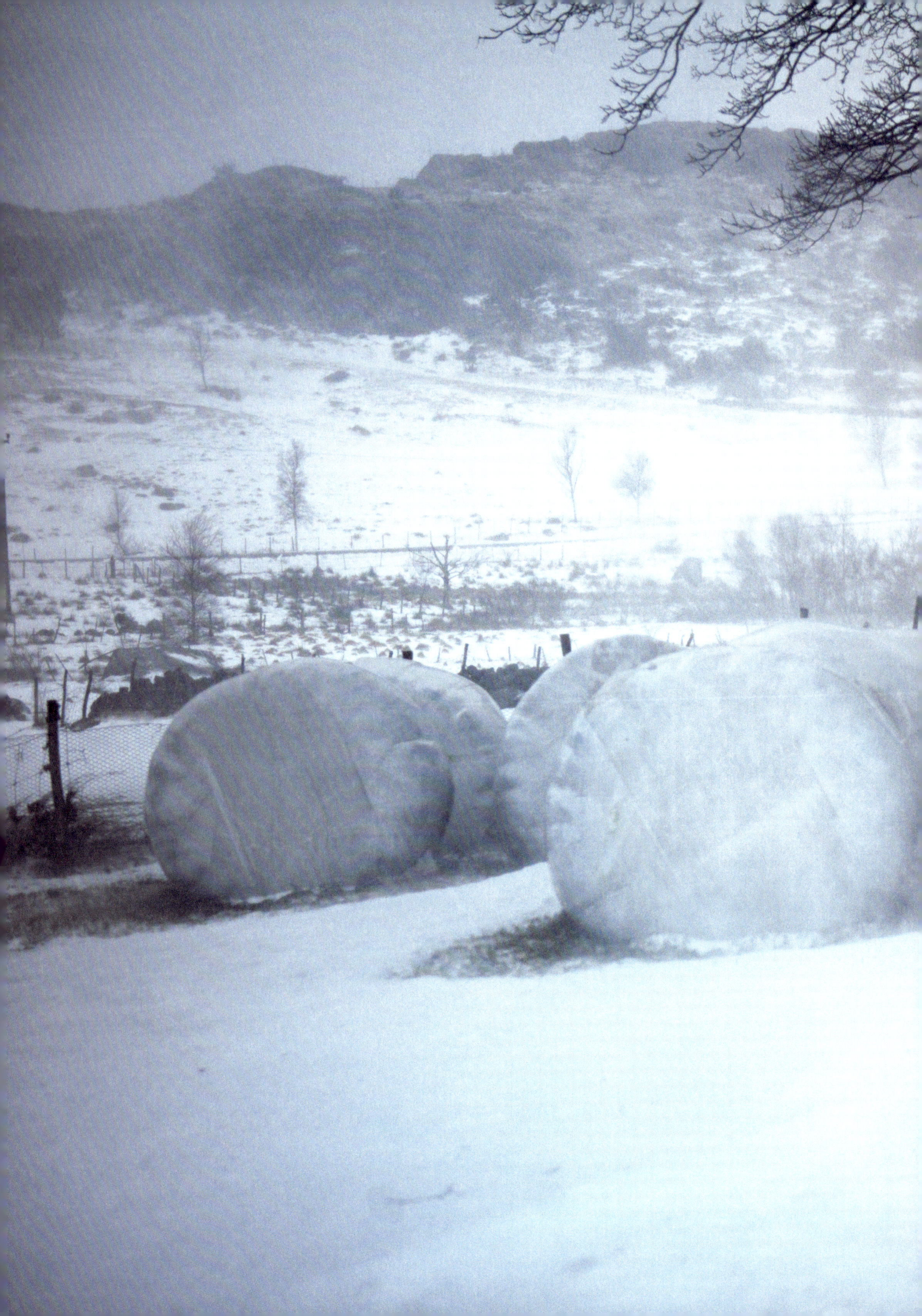

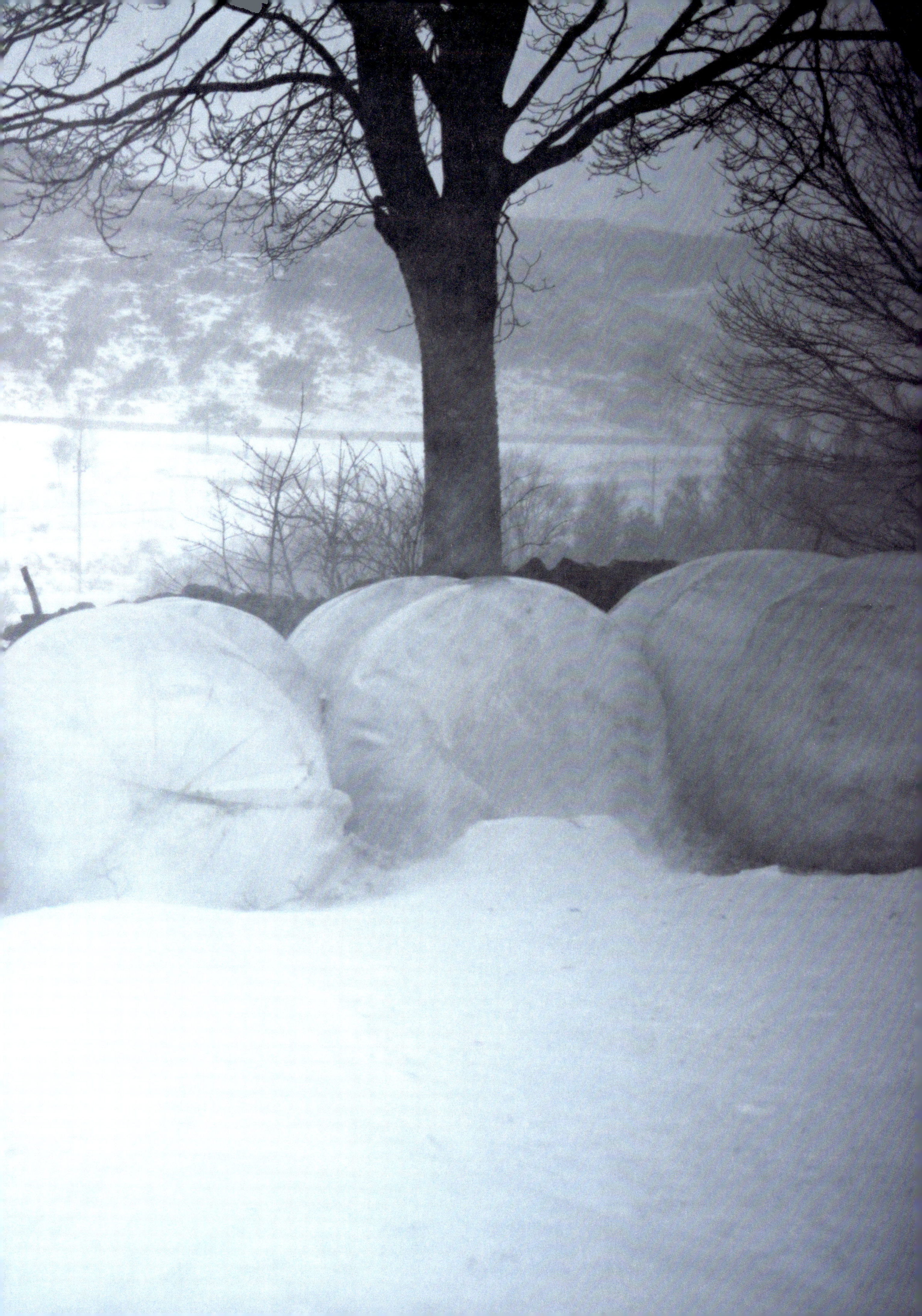

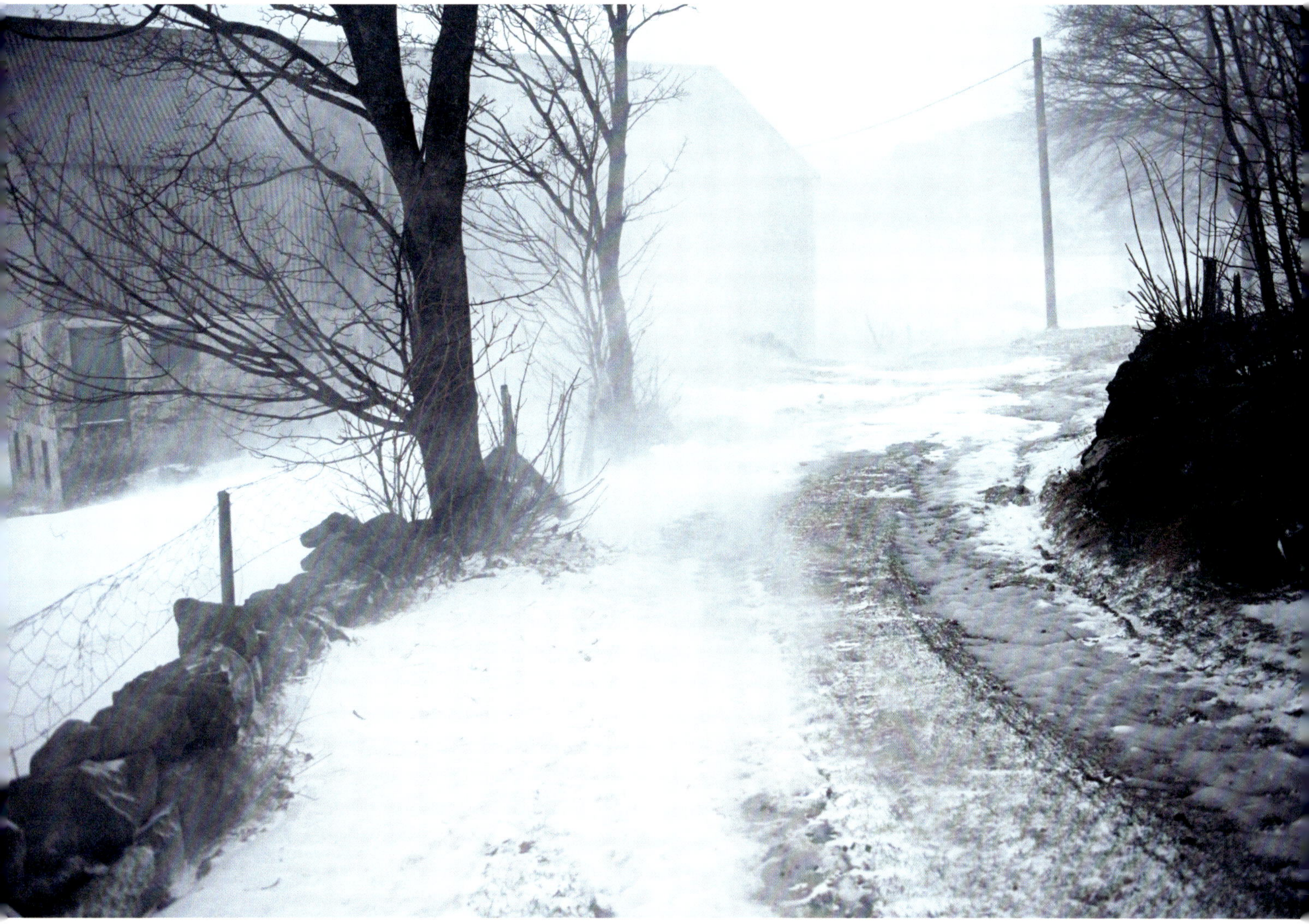

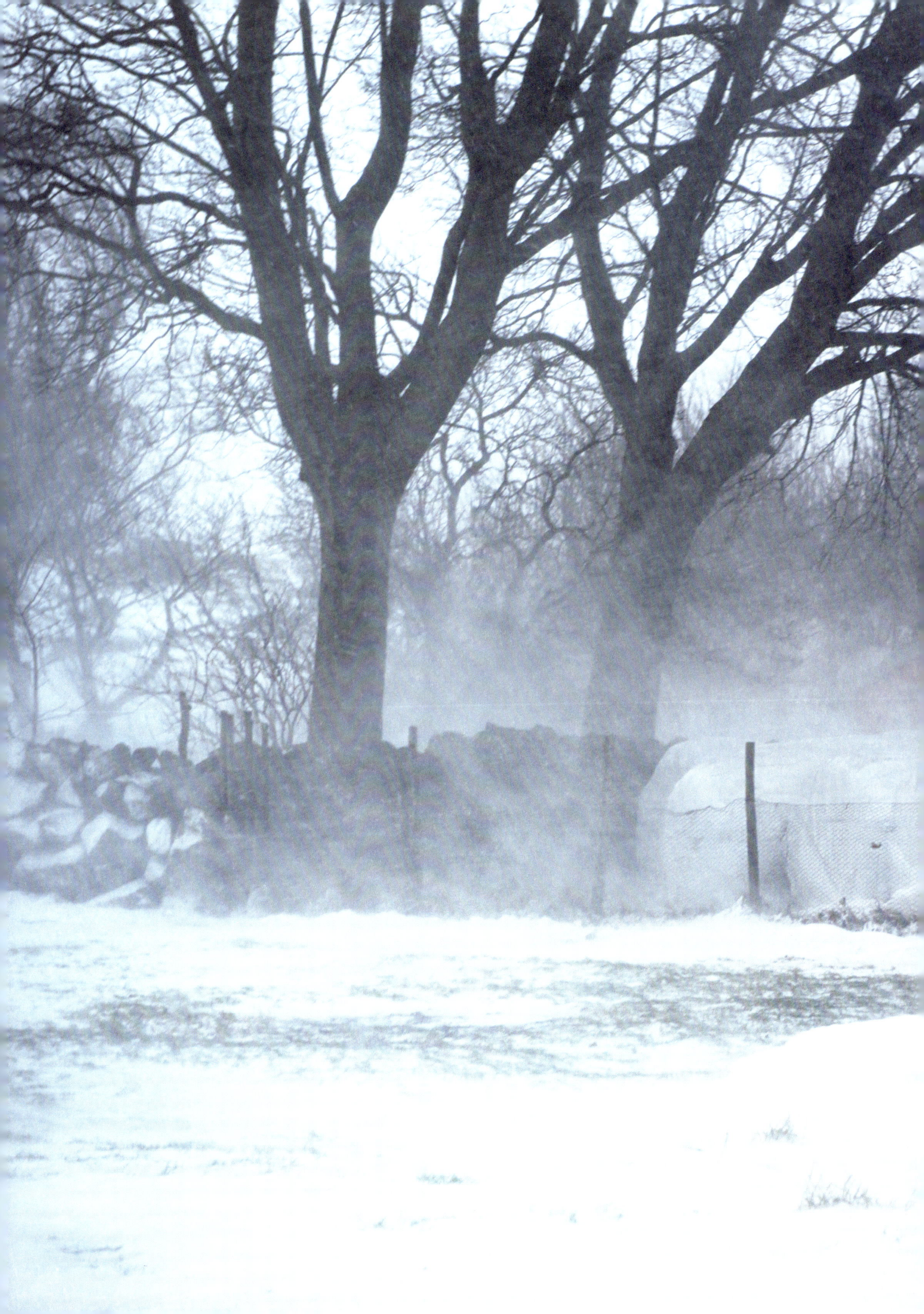

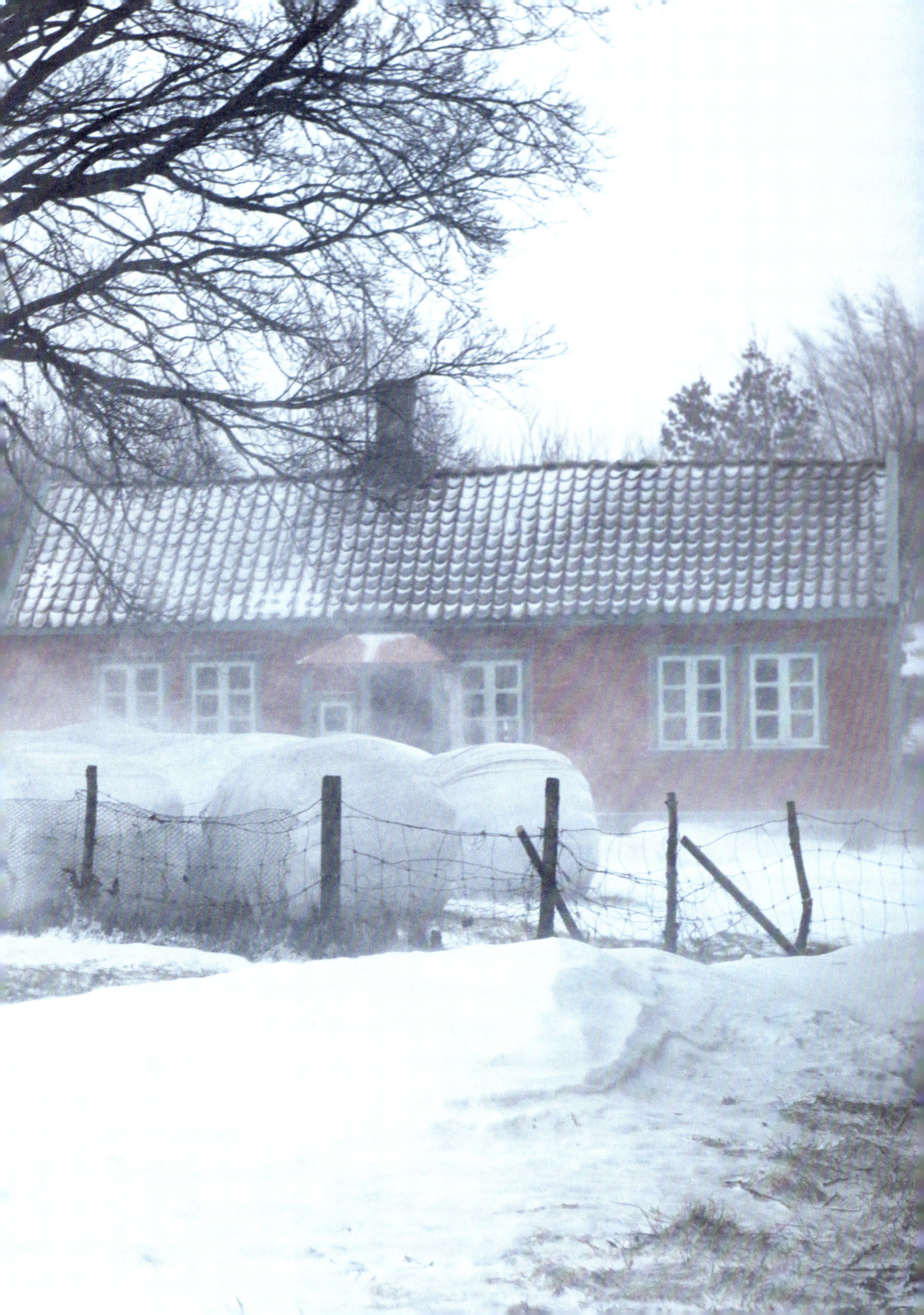

BROTHER | SISTER

ELIN HØYLAND

DEWI LEWIS PUBLISHING

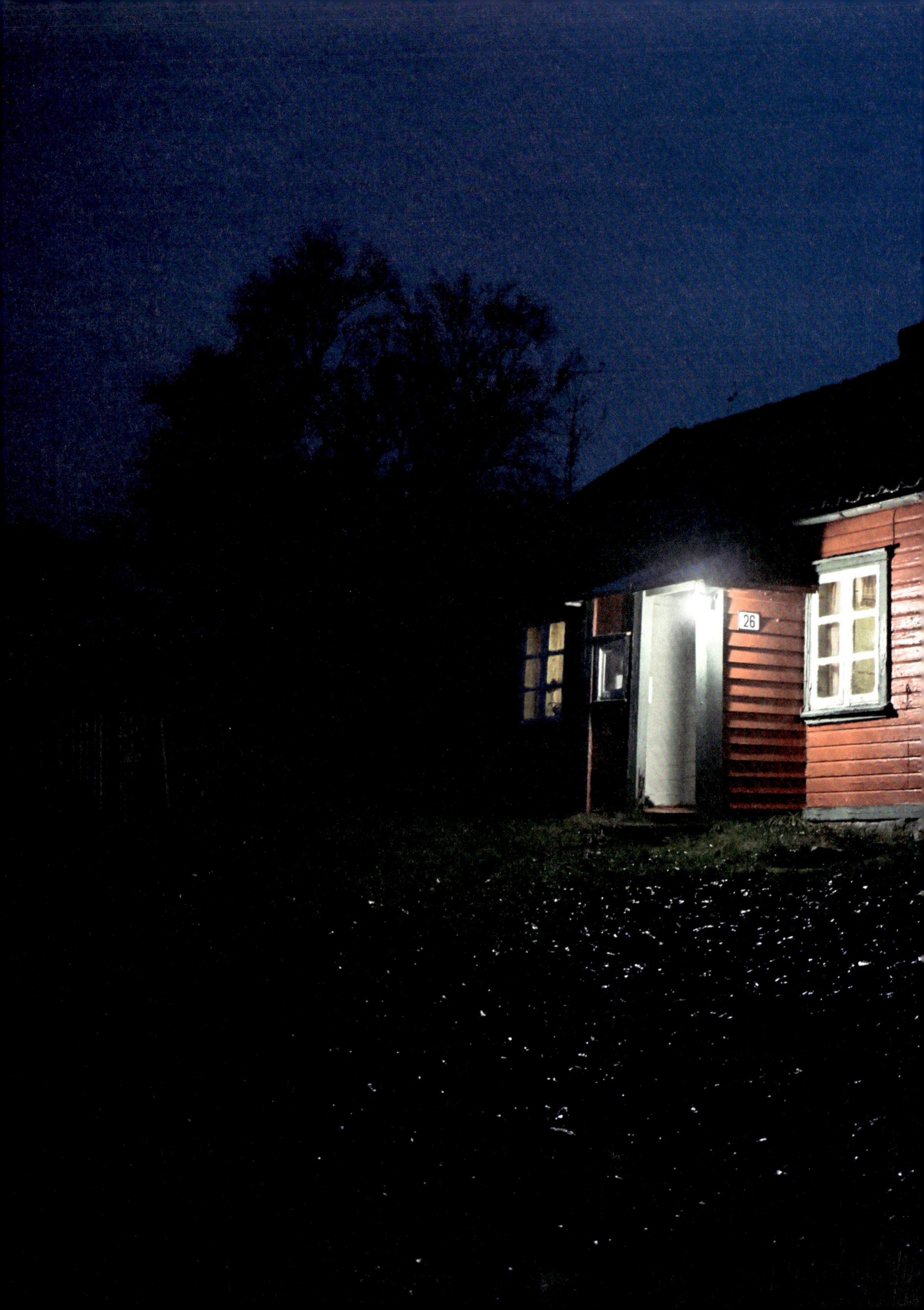
26

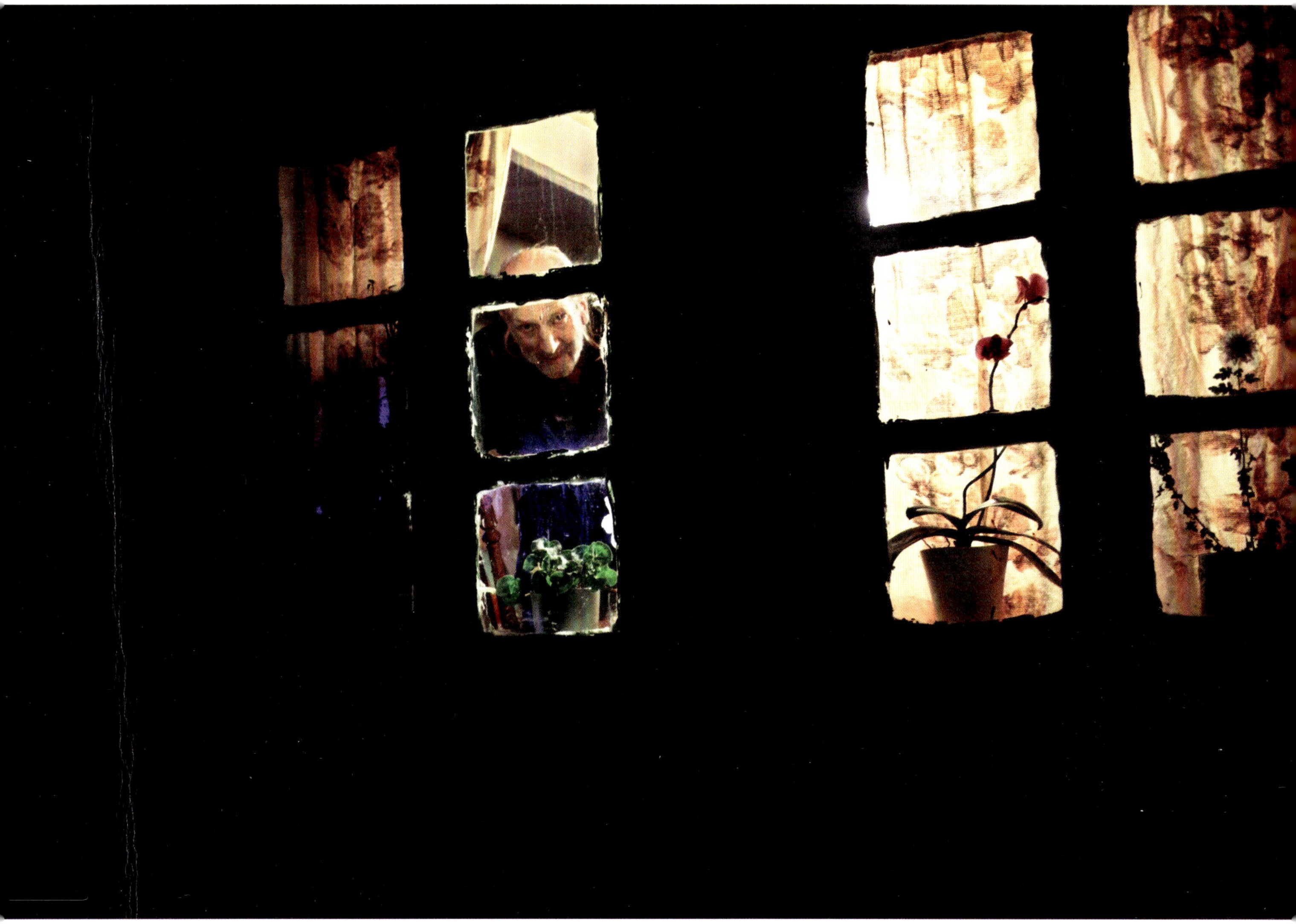

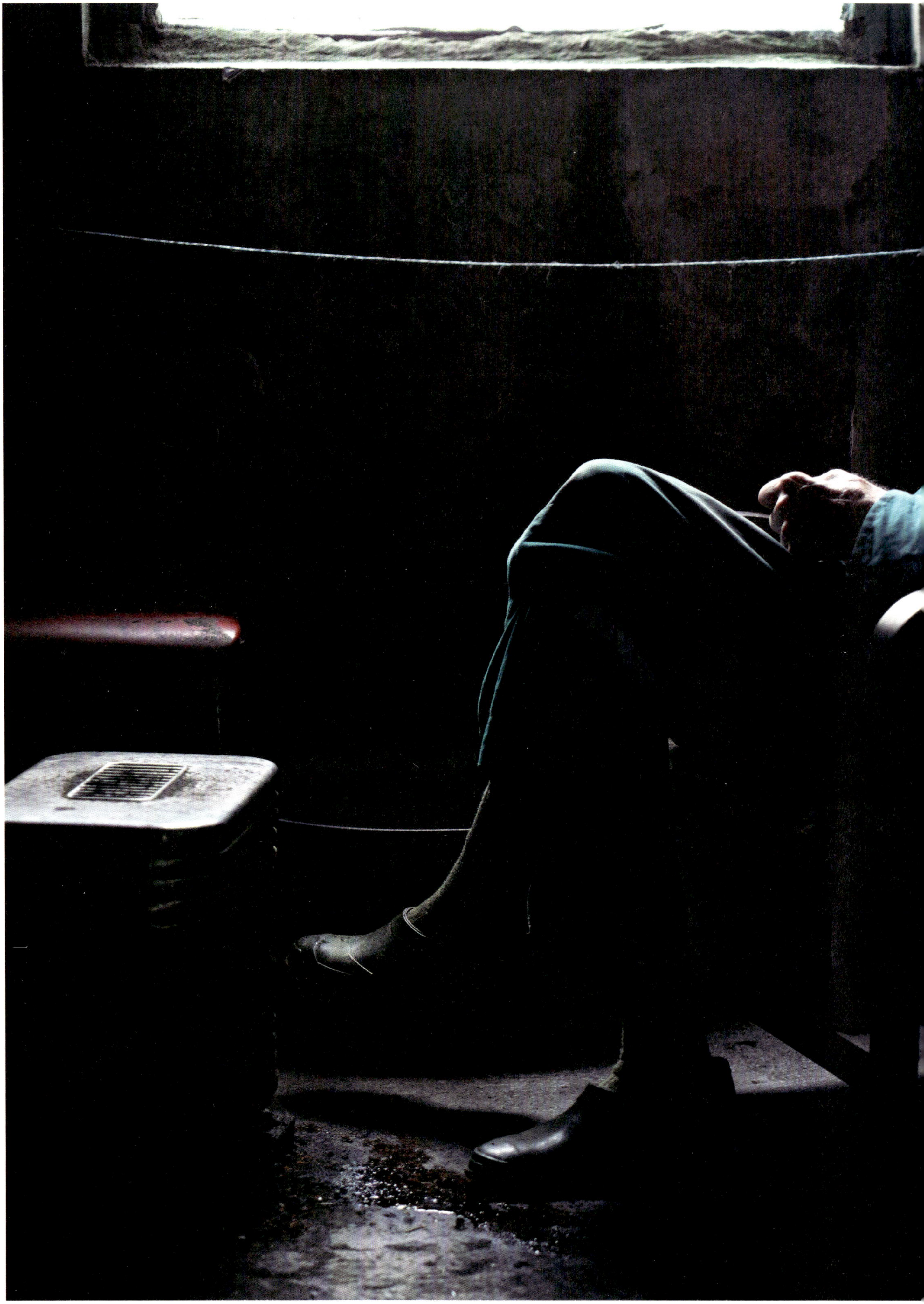

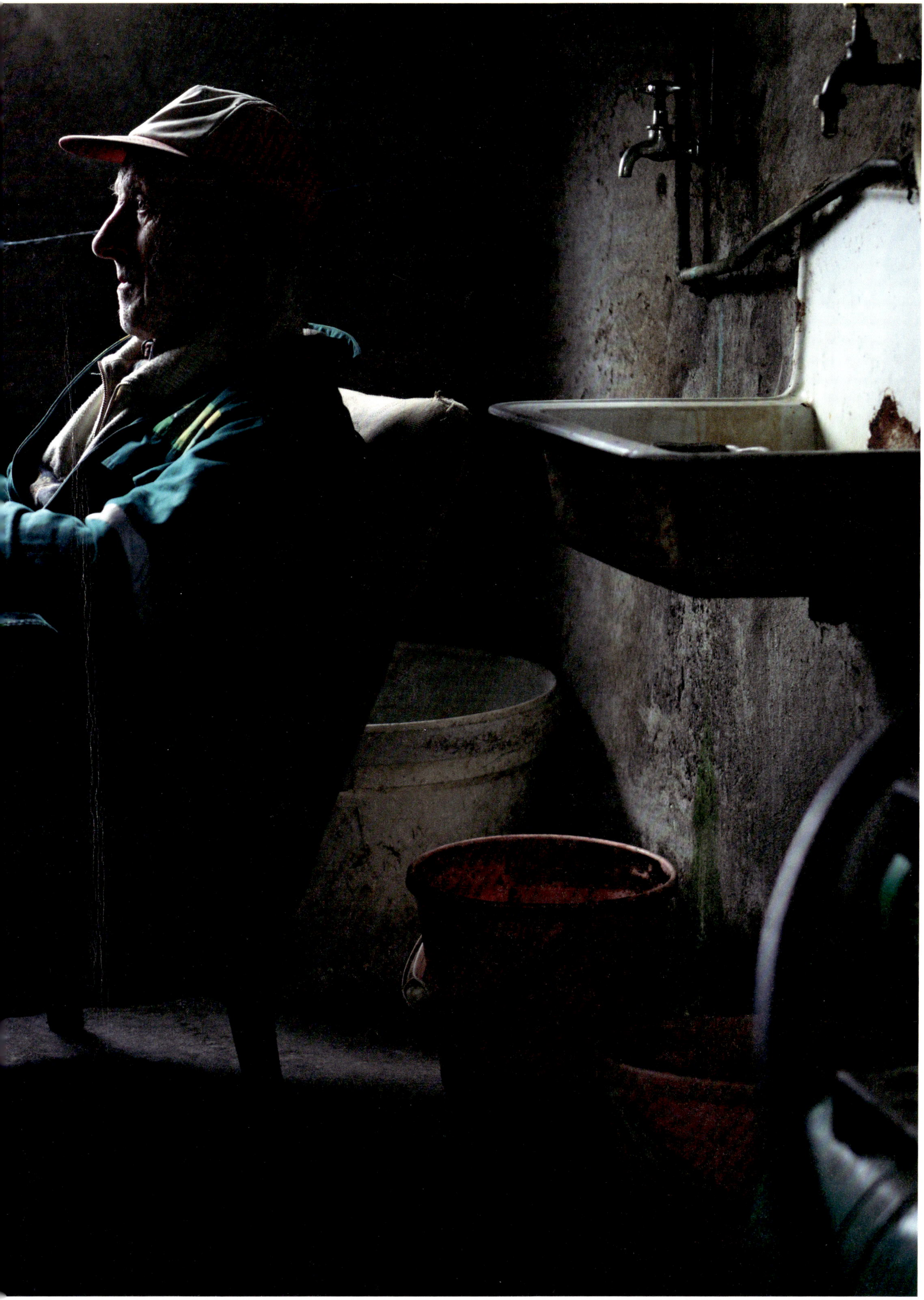

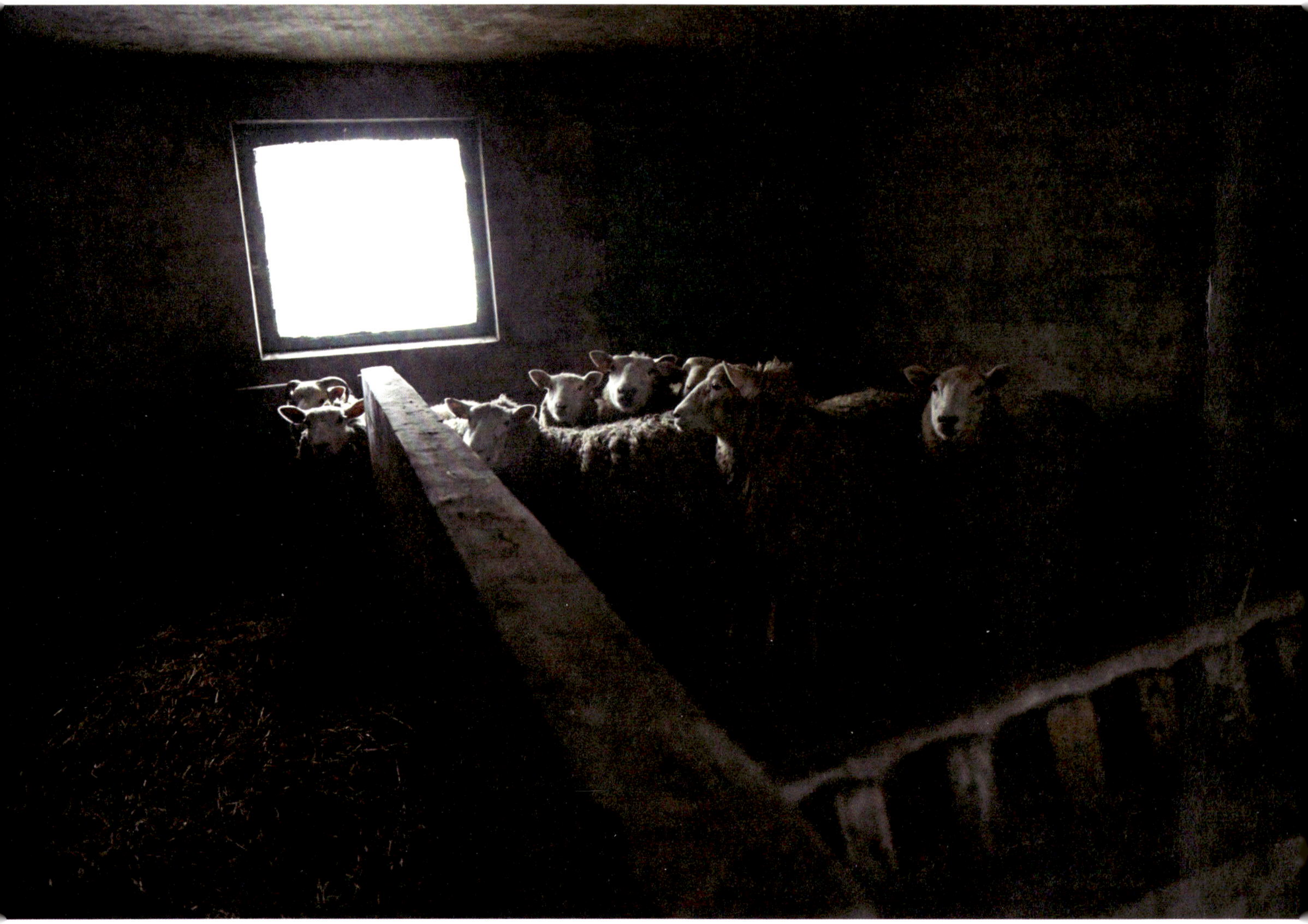

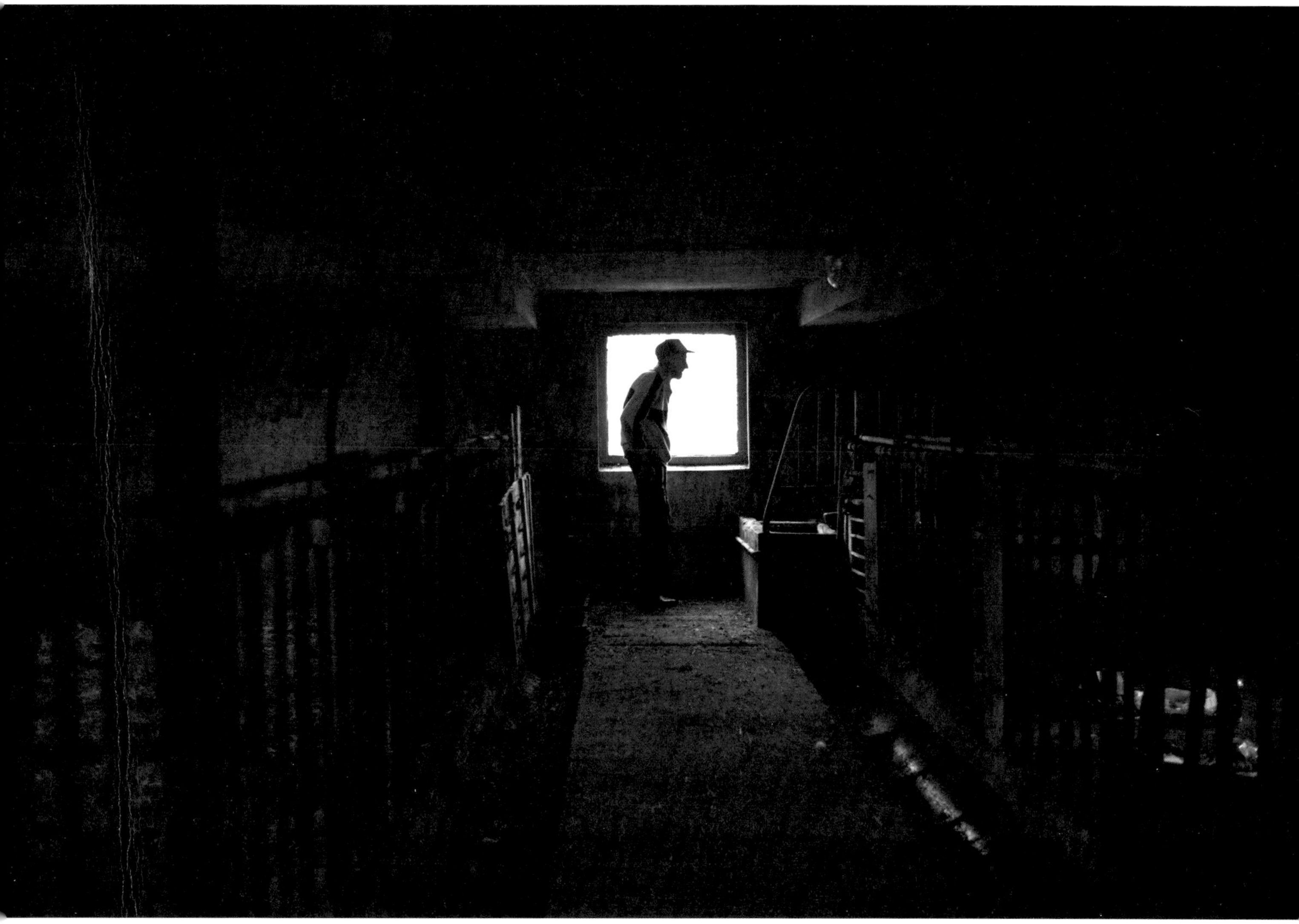

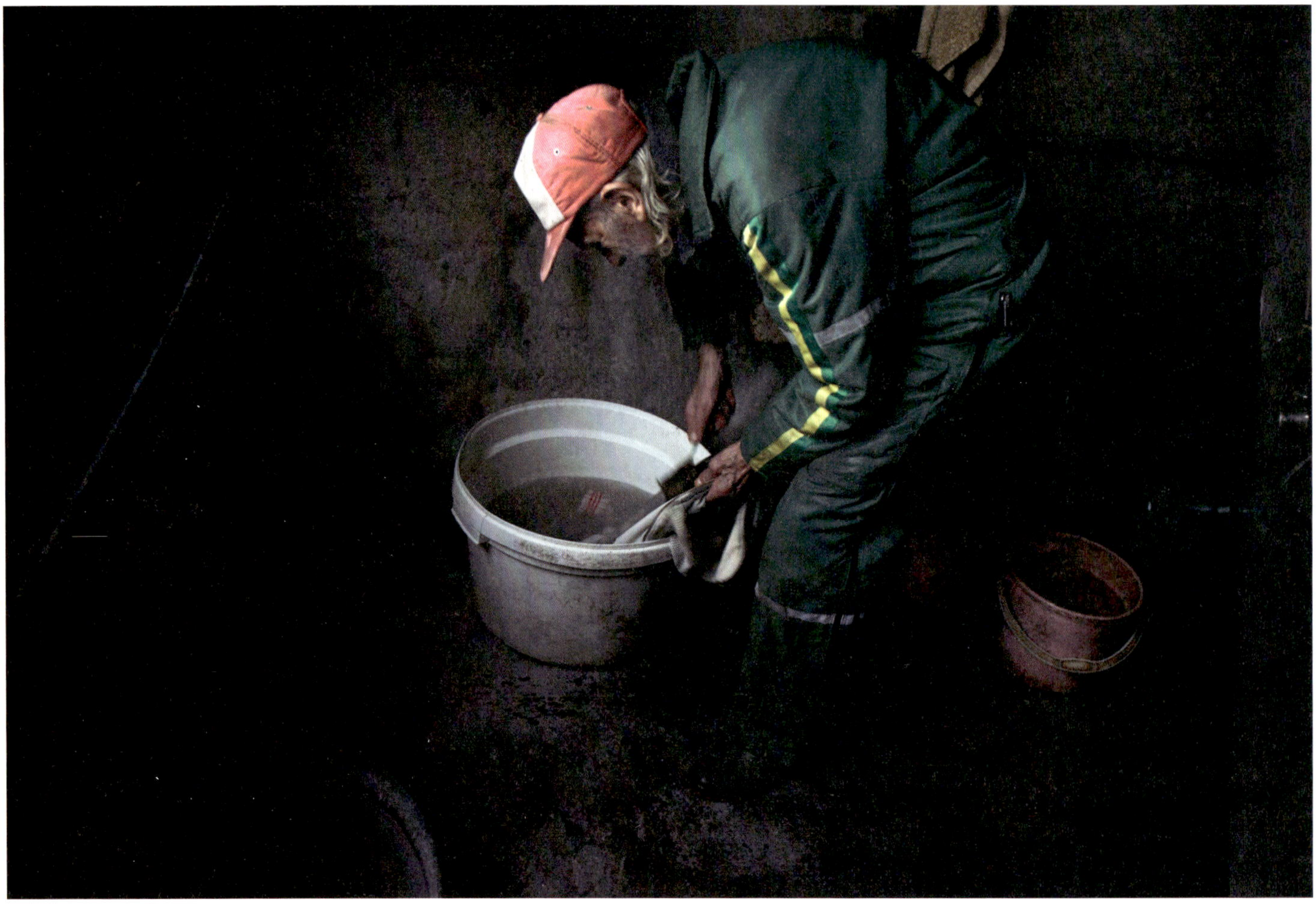

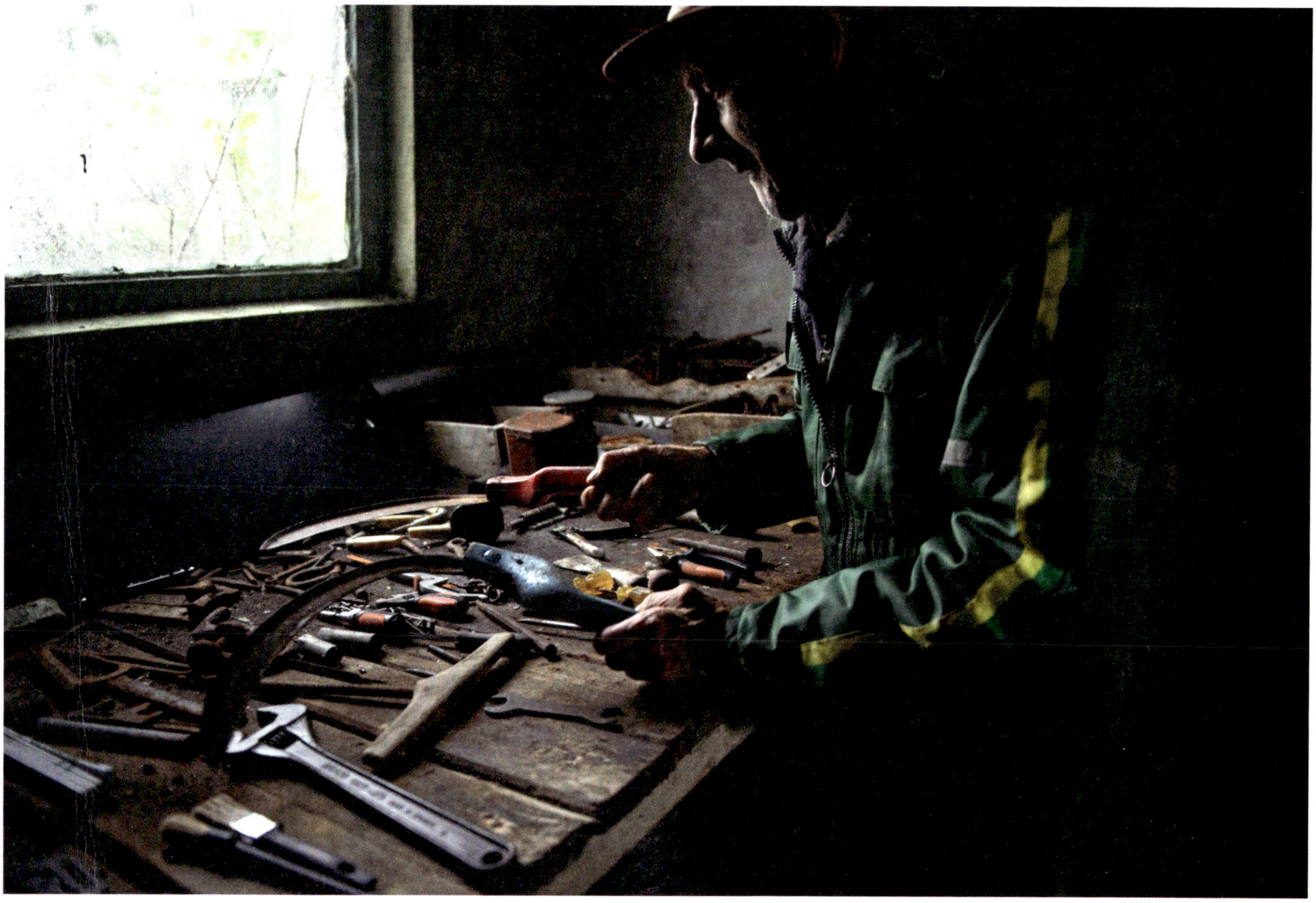

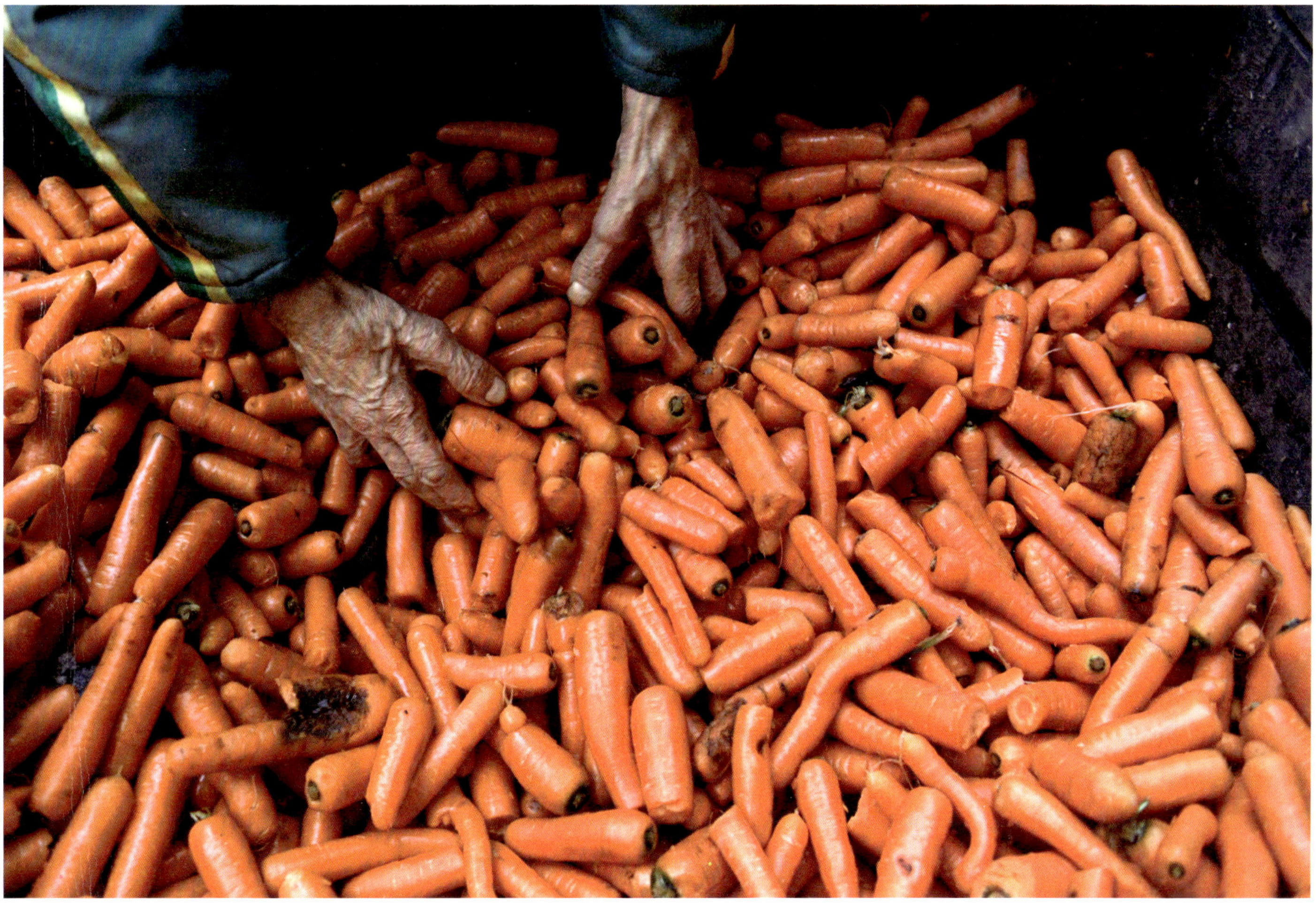

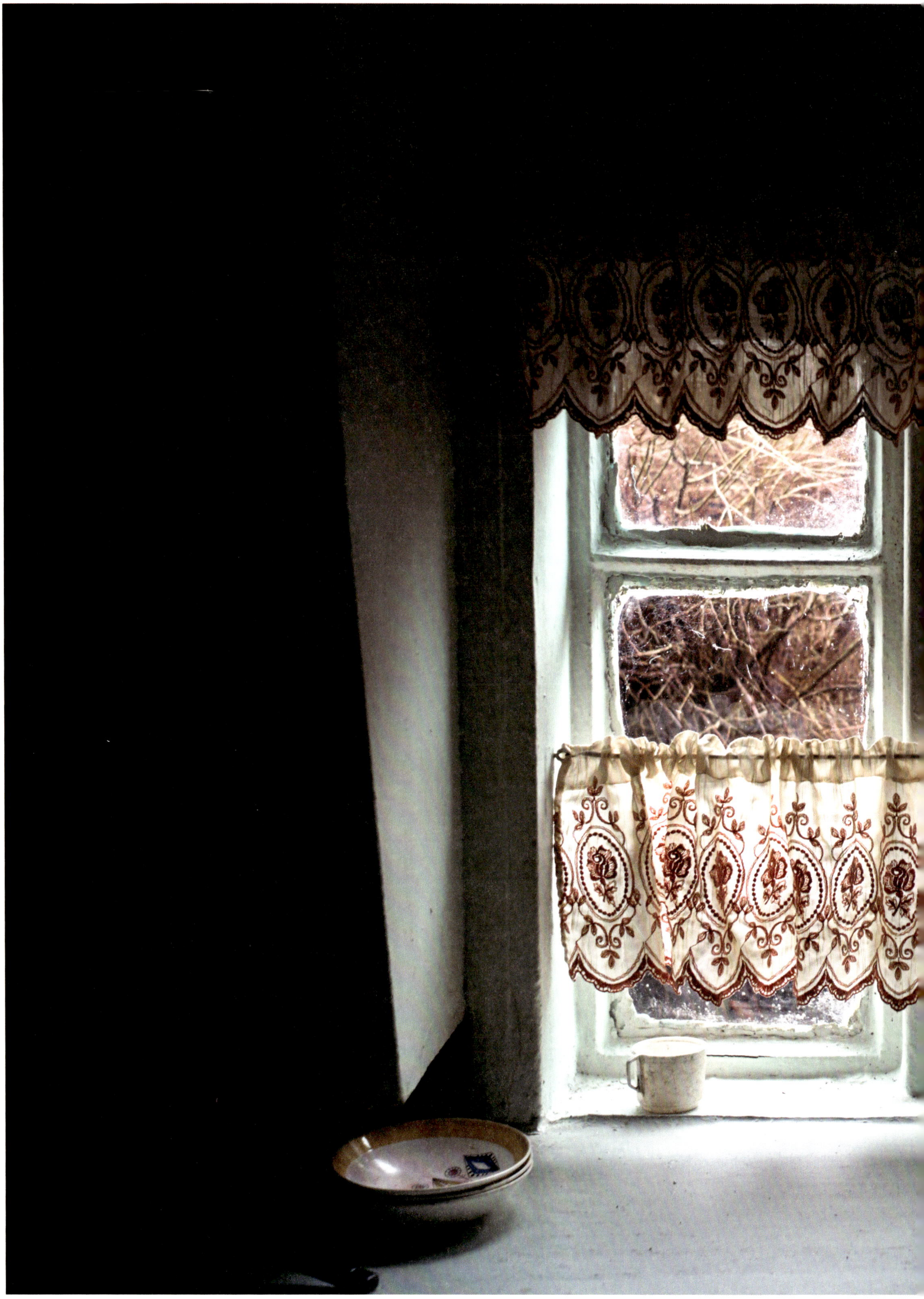

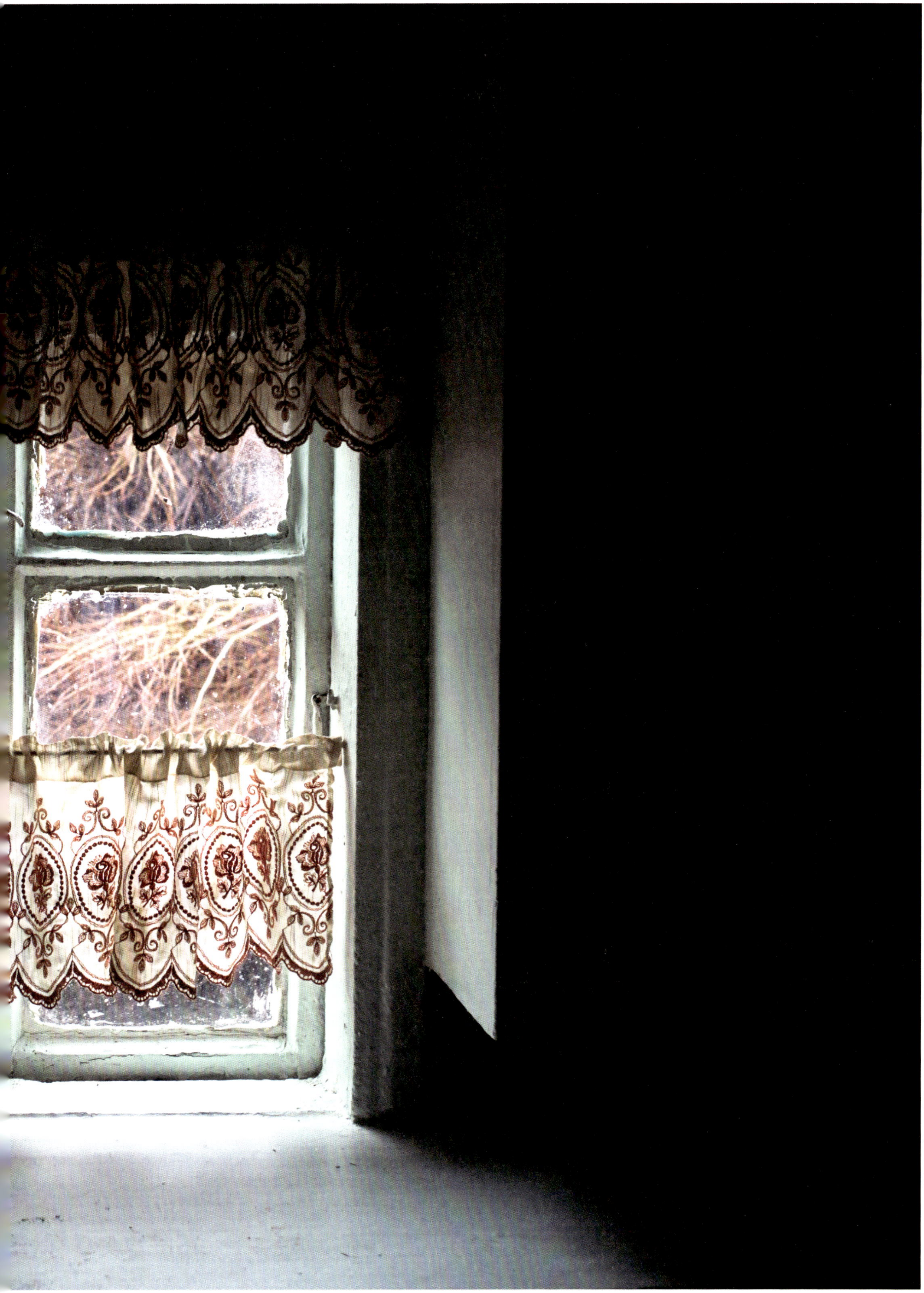

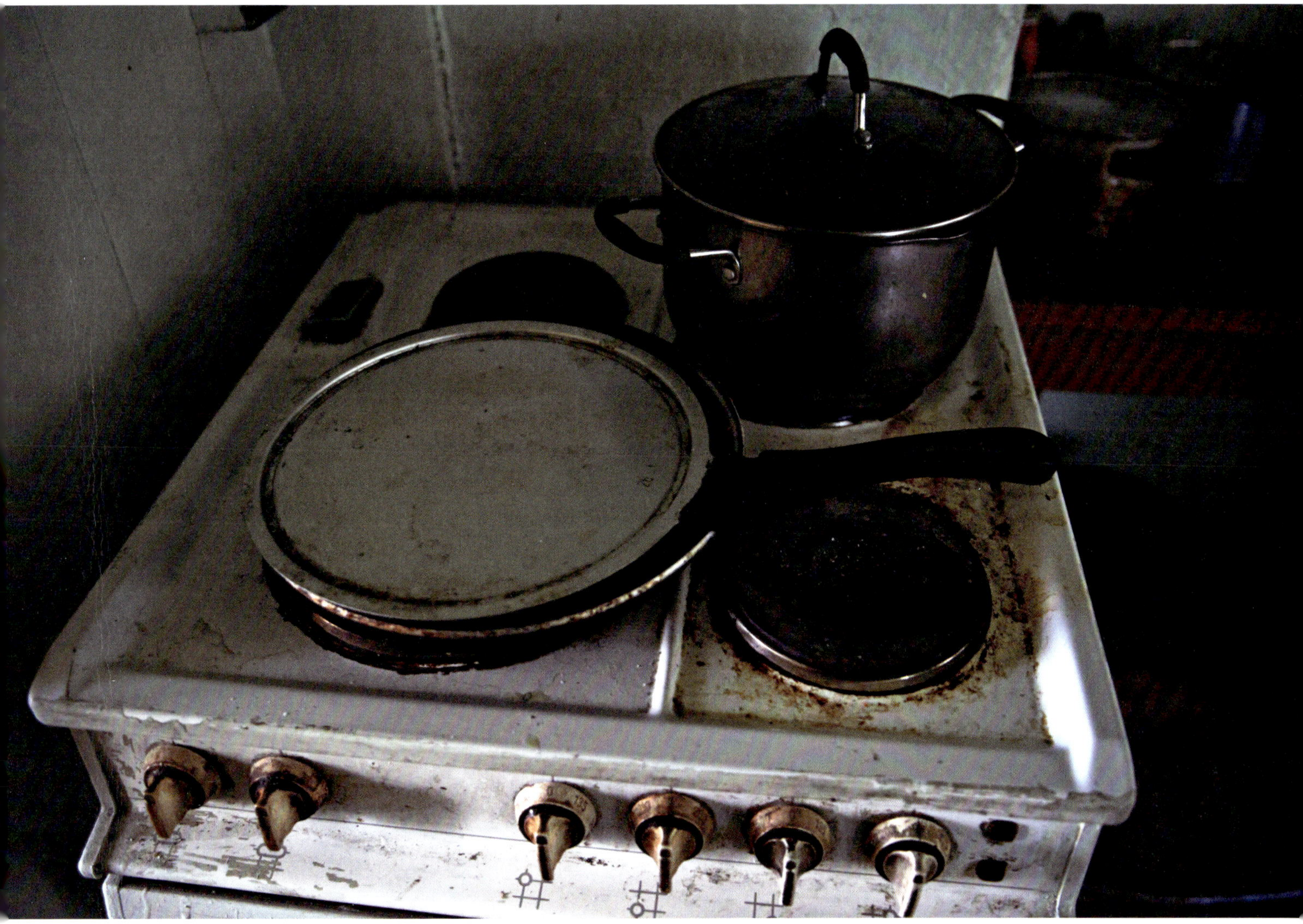

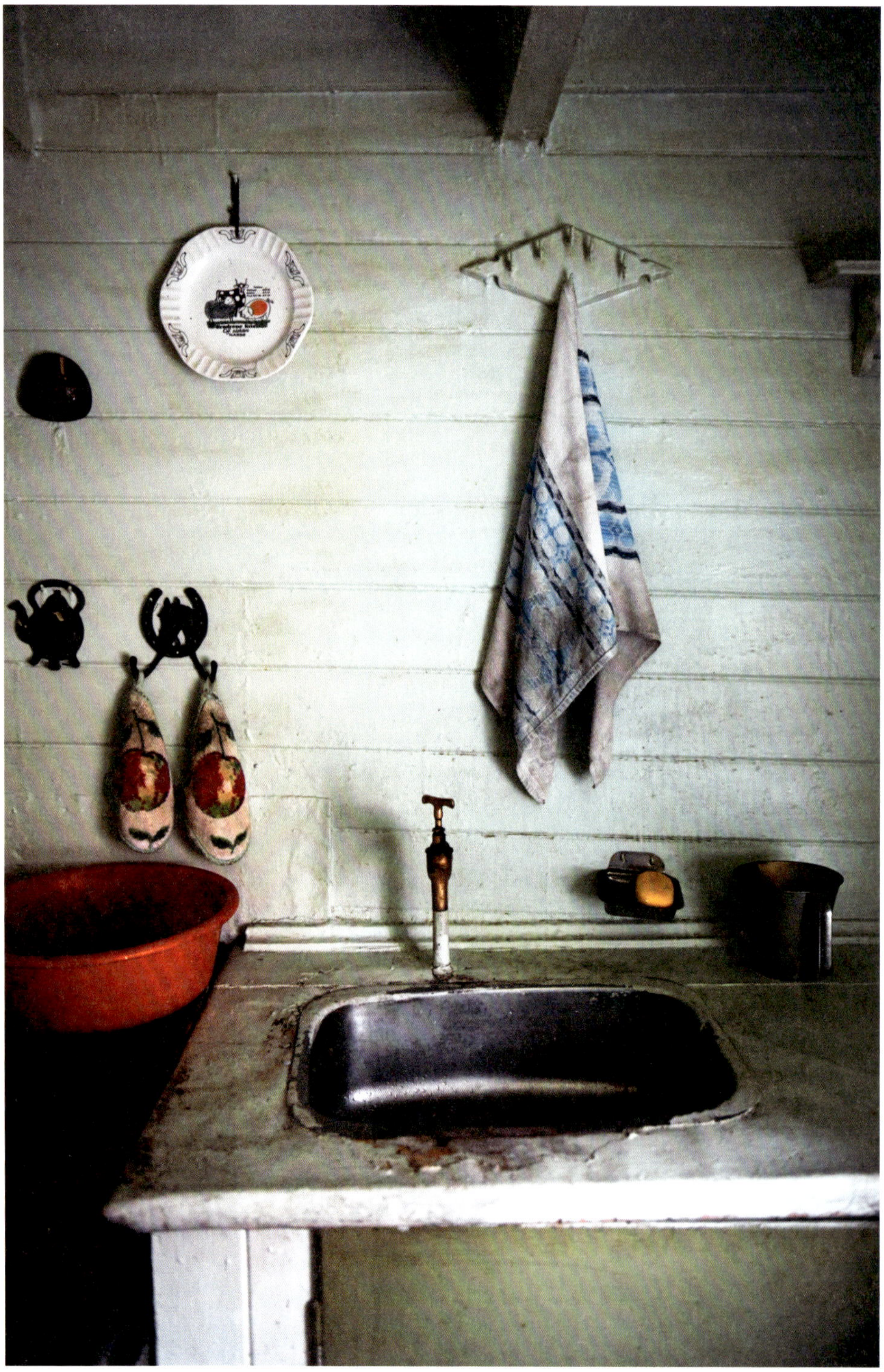

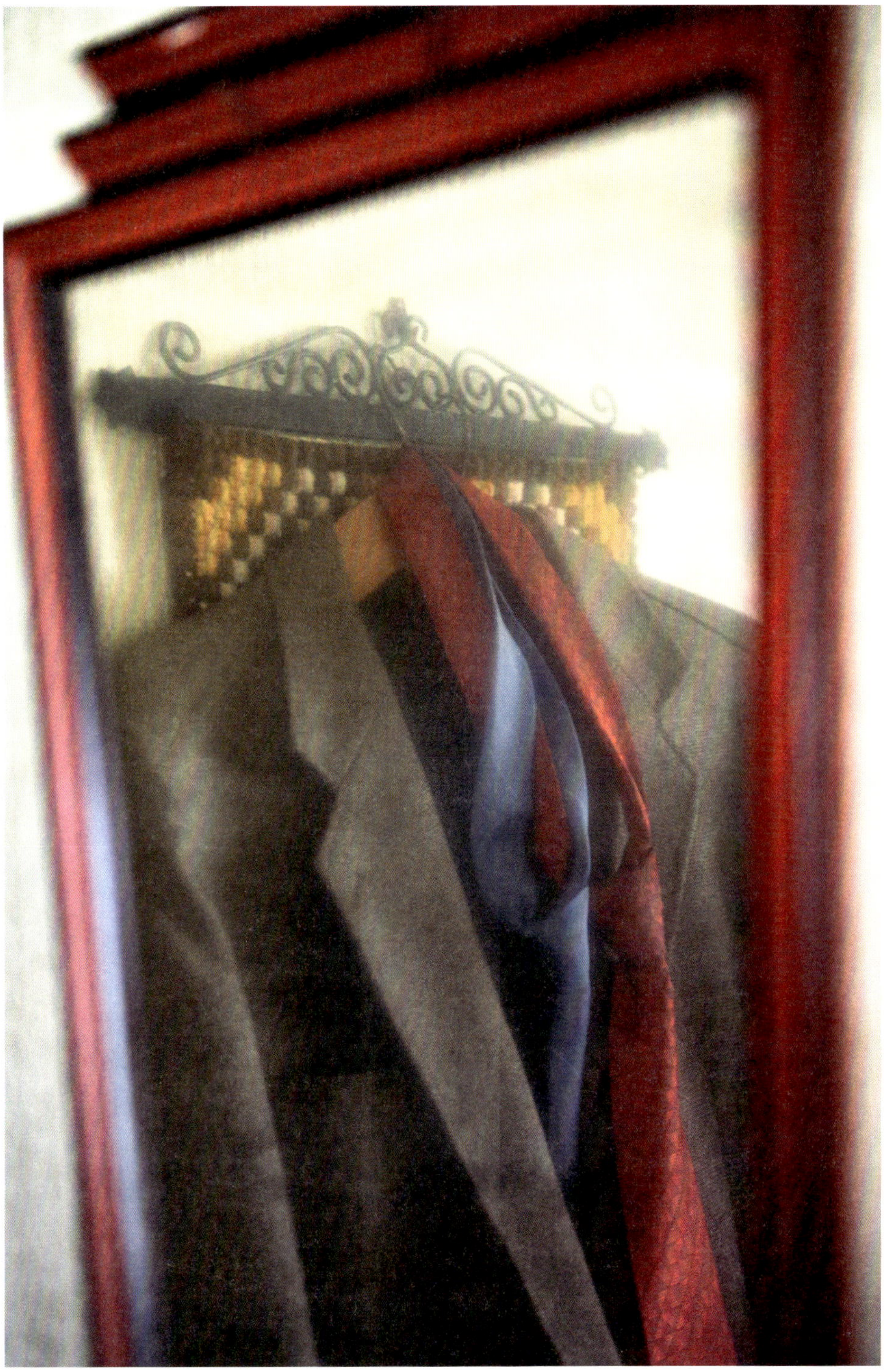

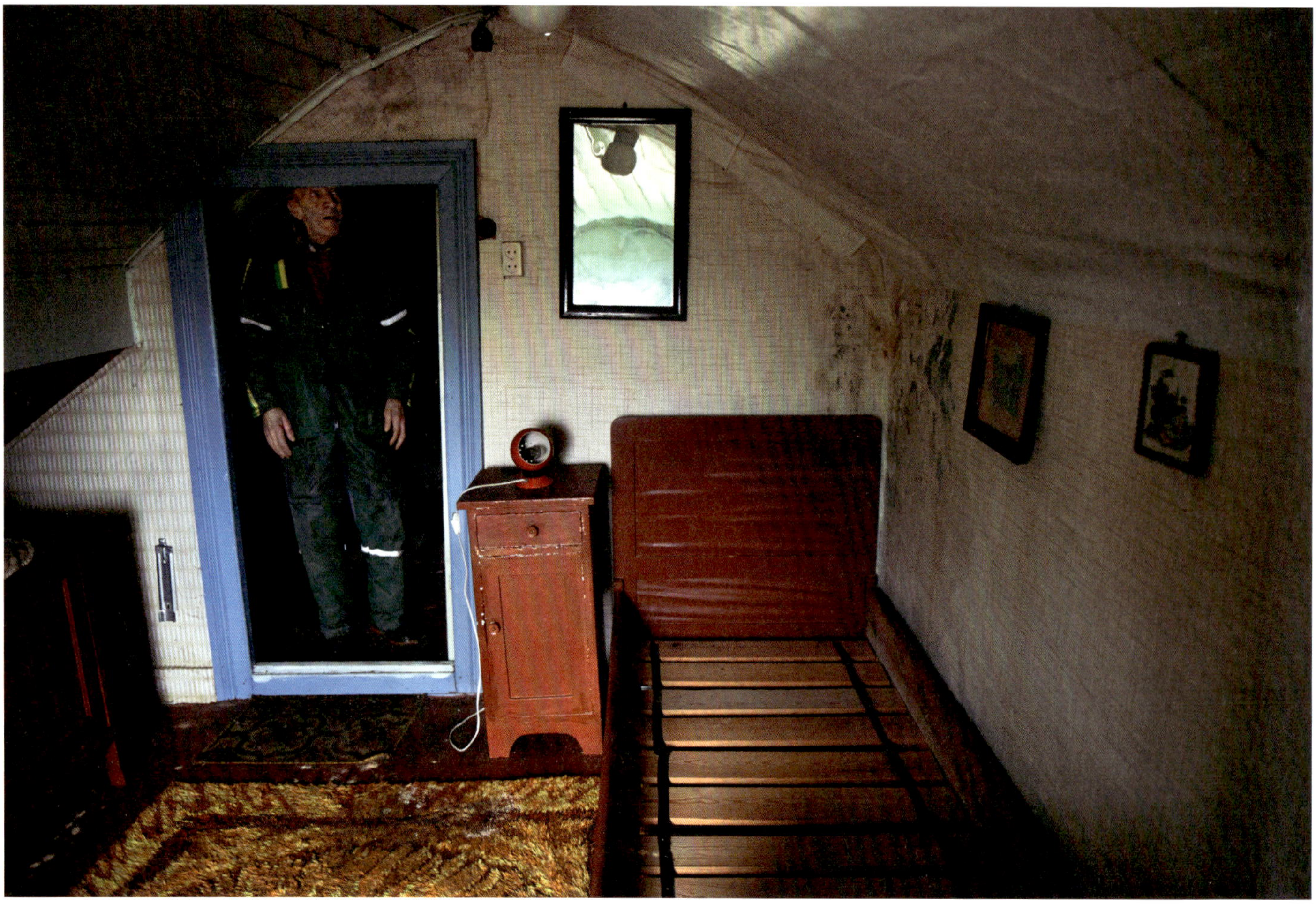

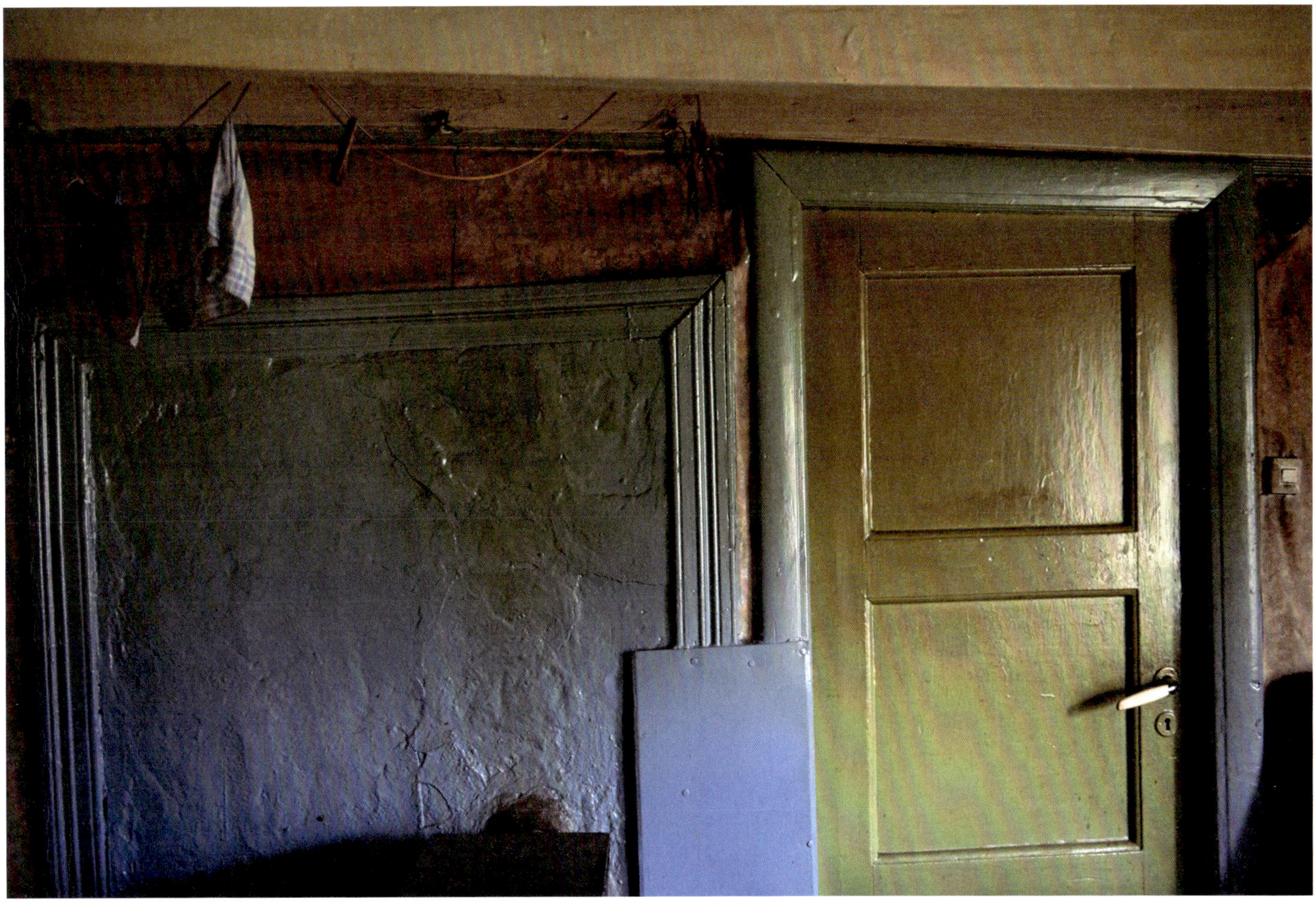

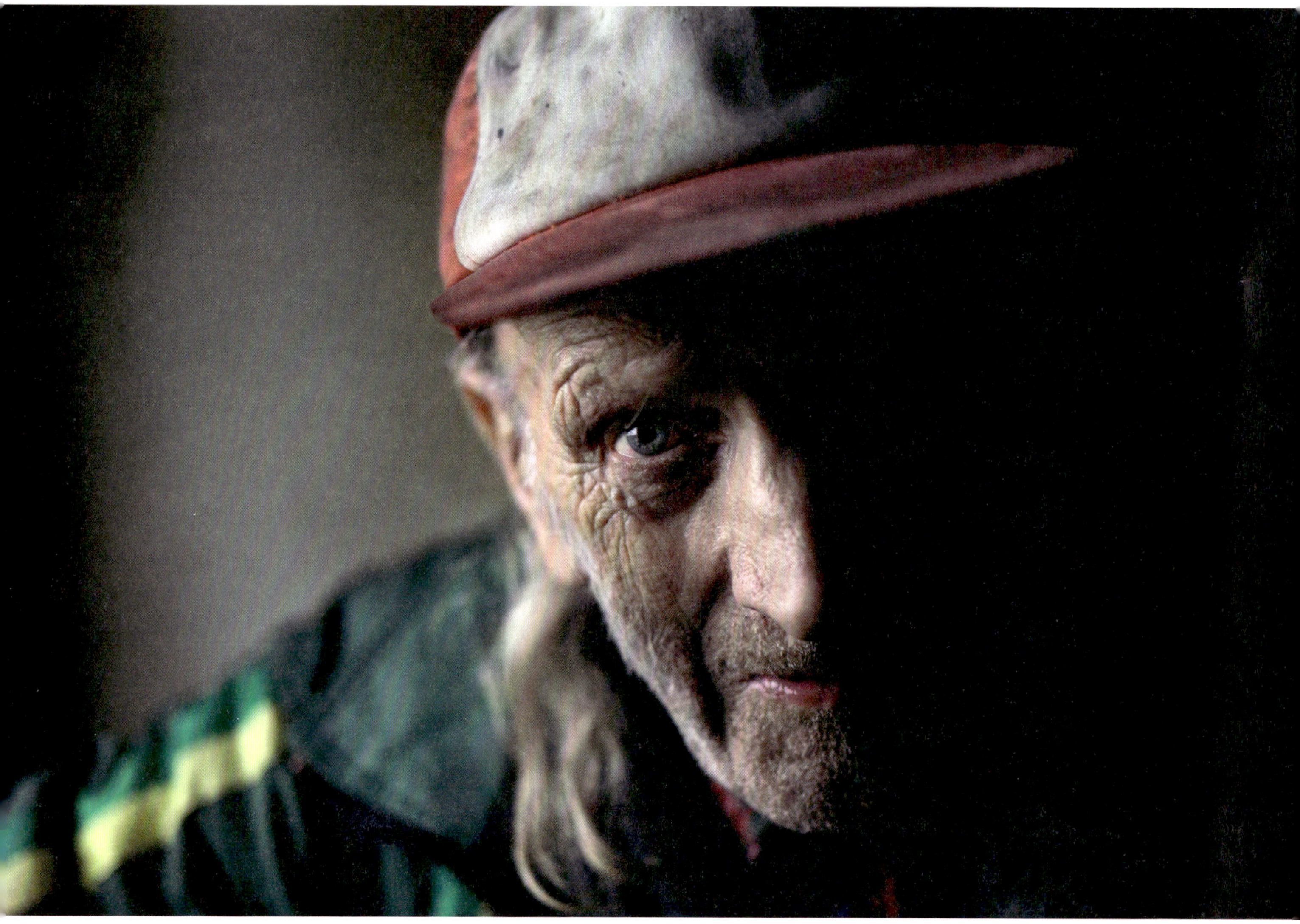

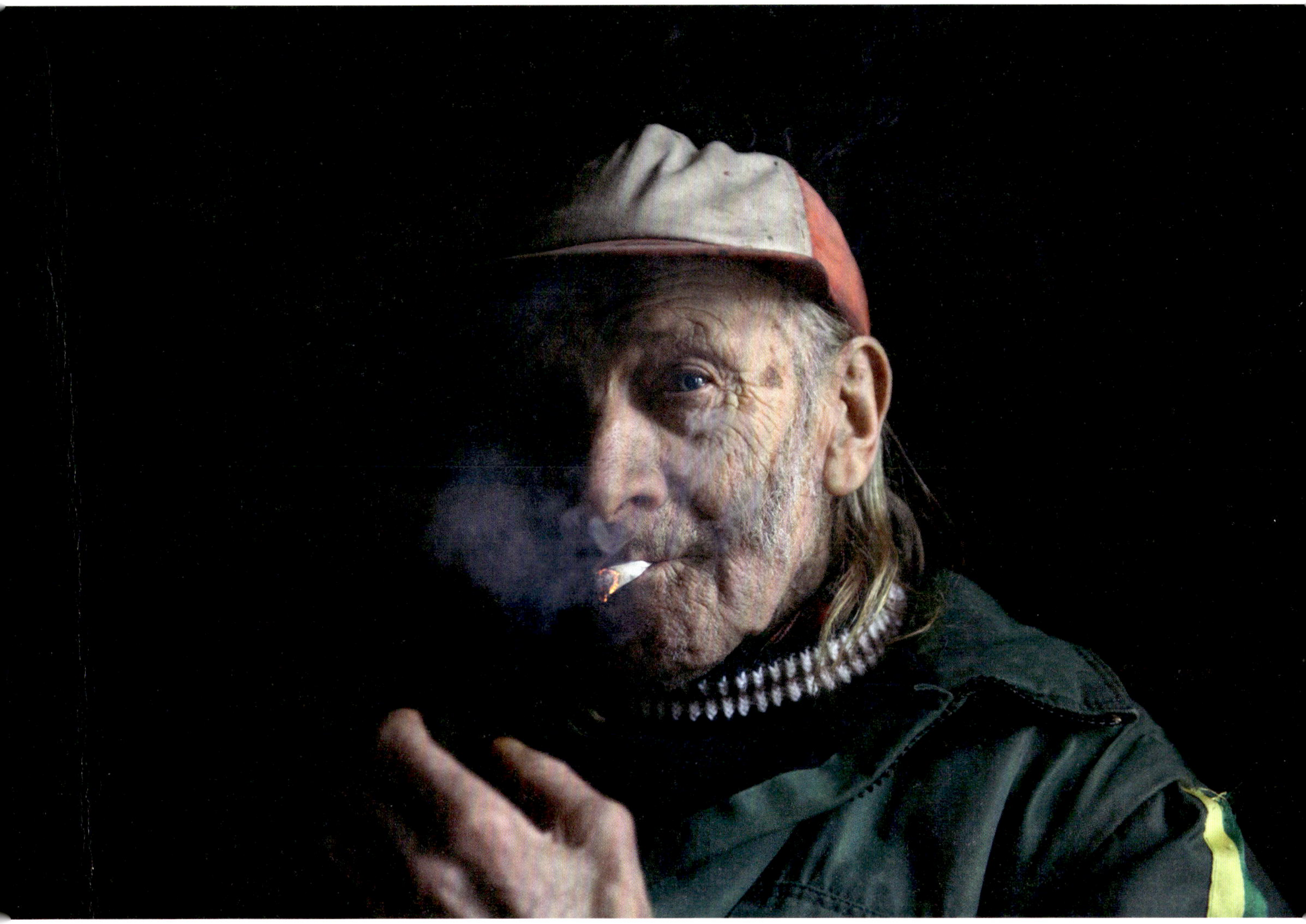

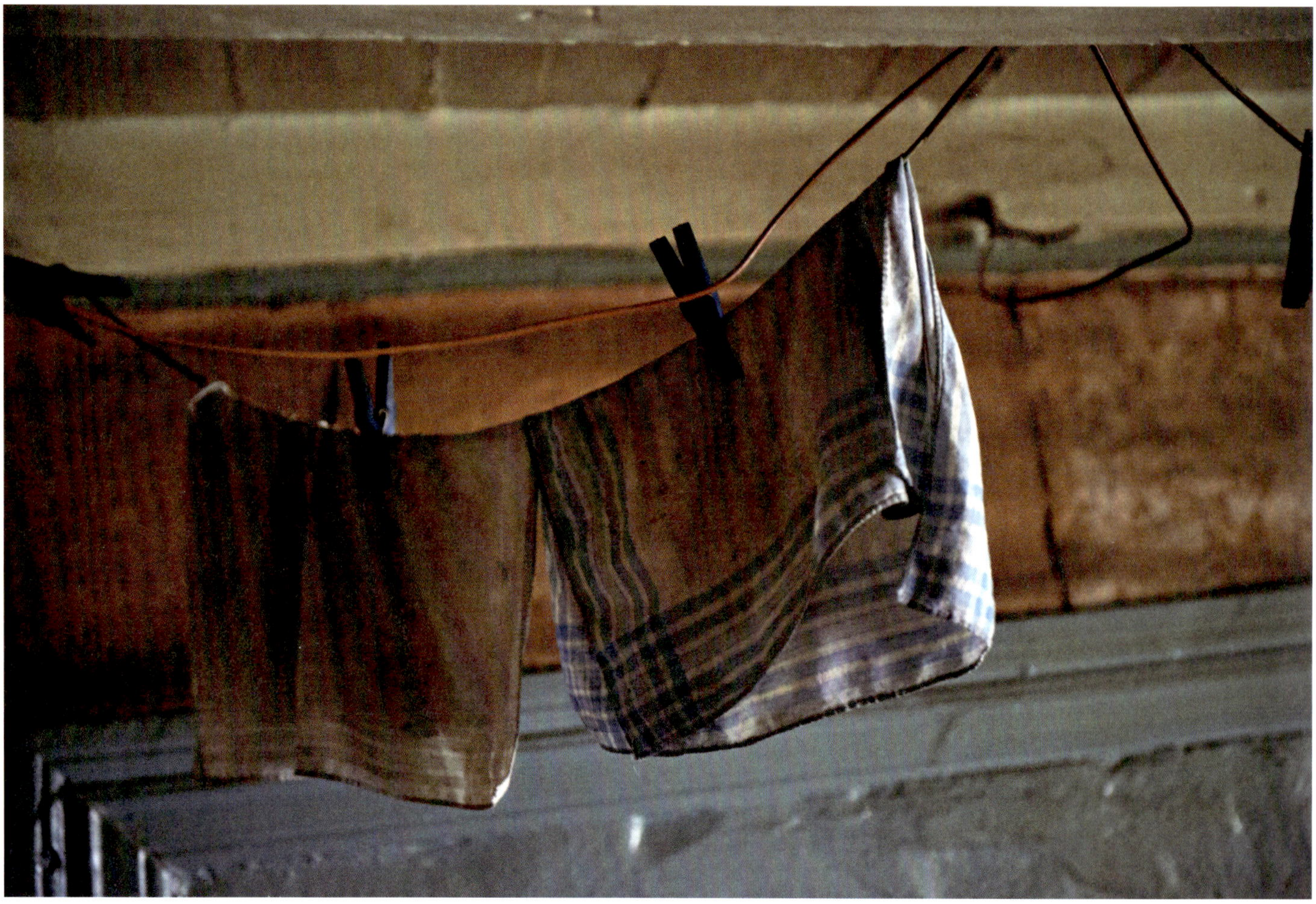

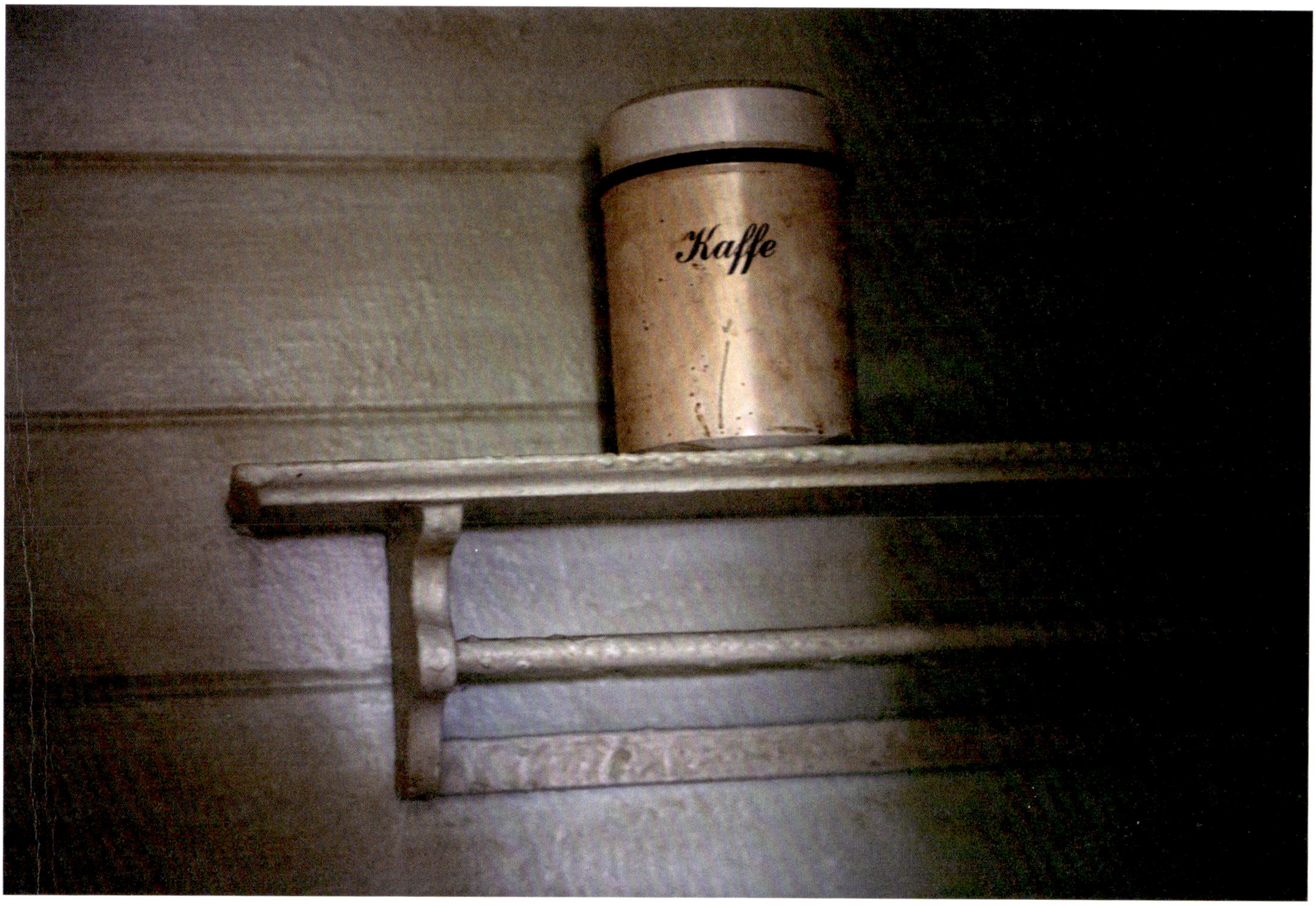
Kaffe

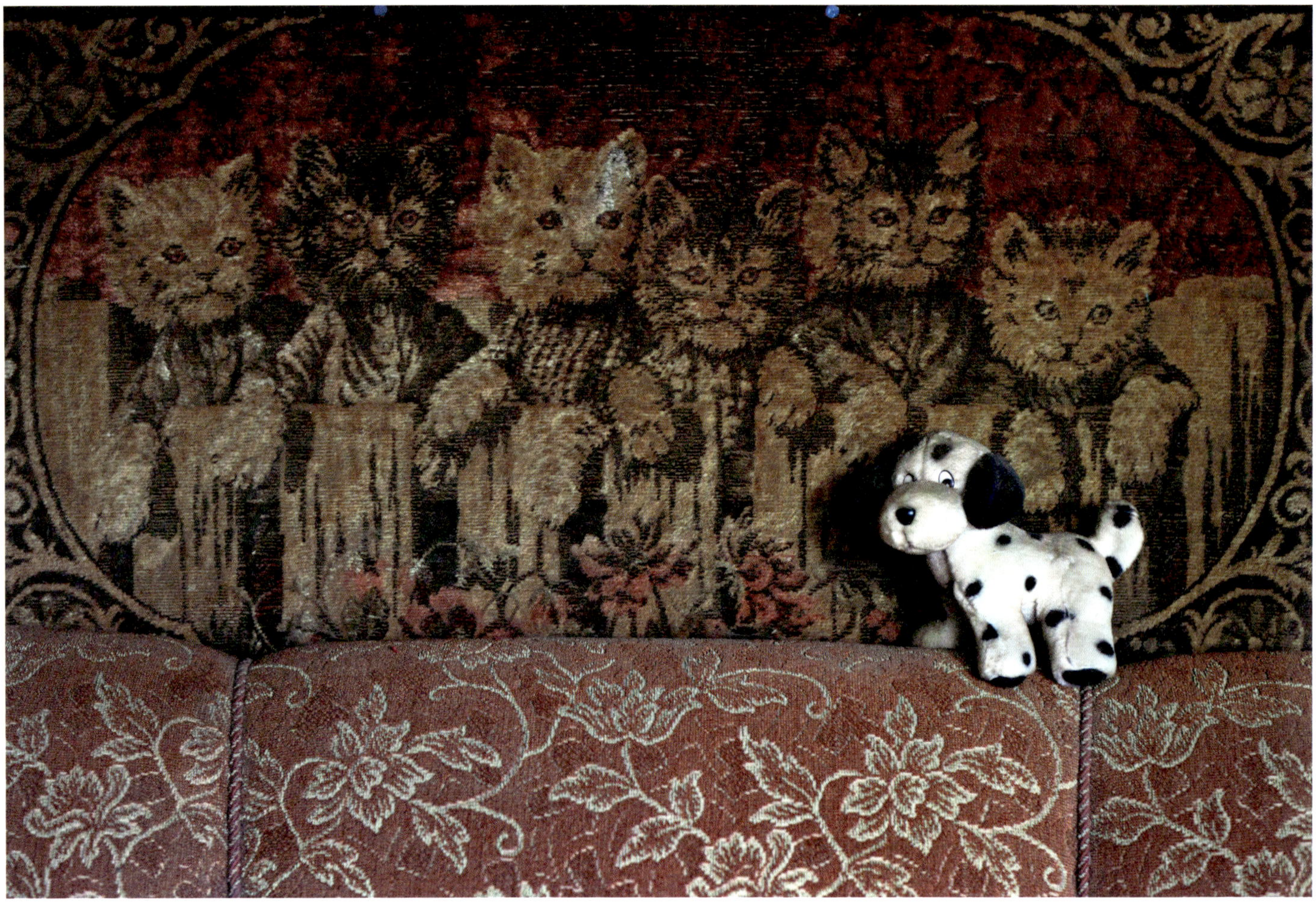

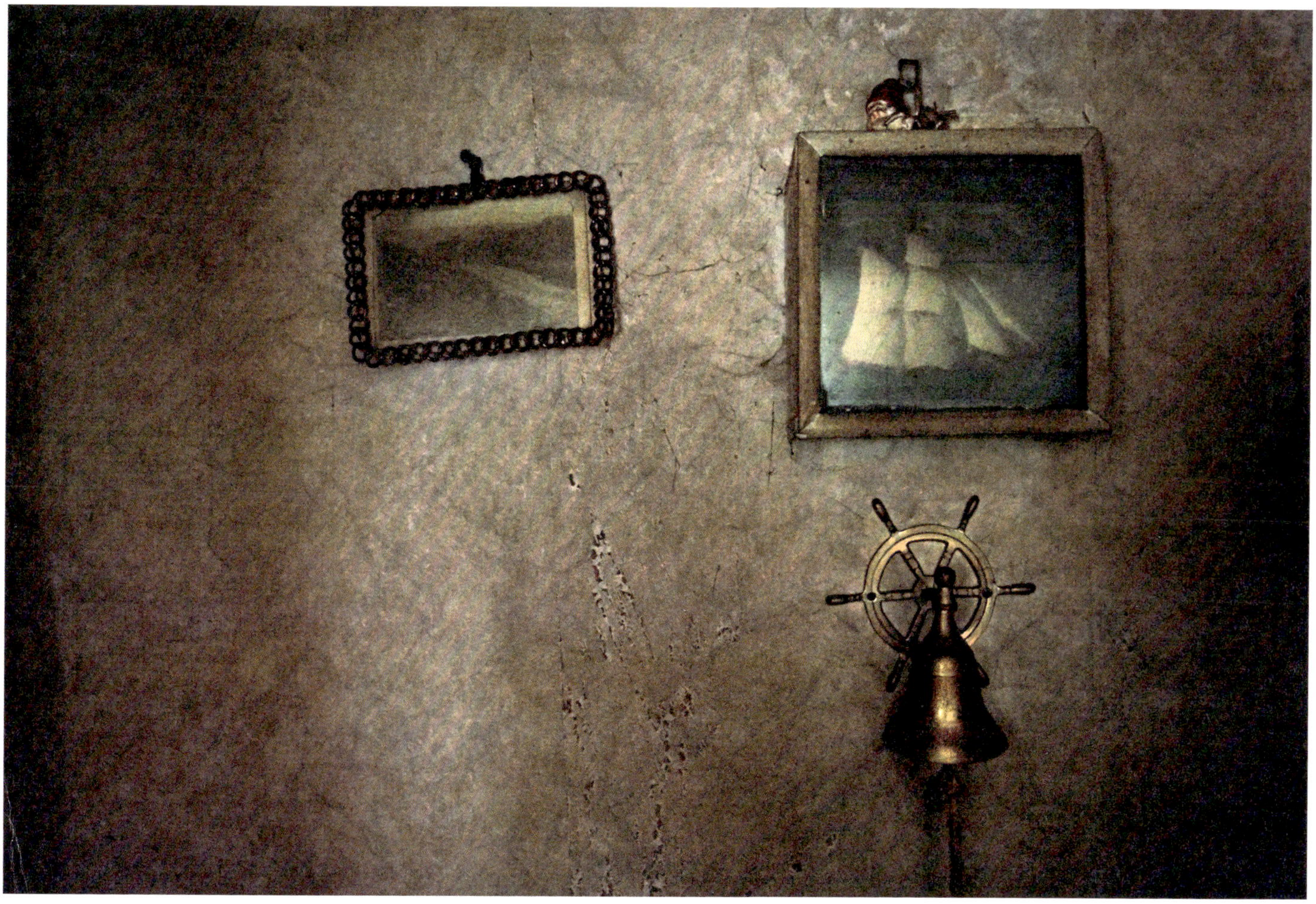

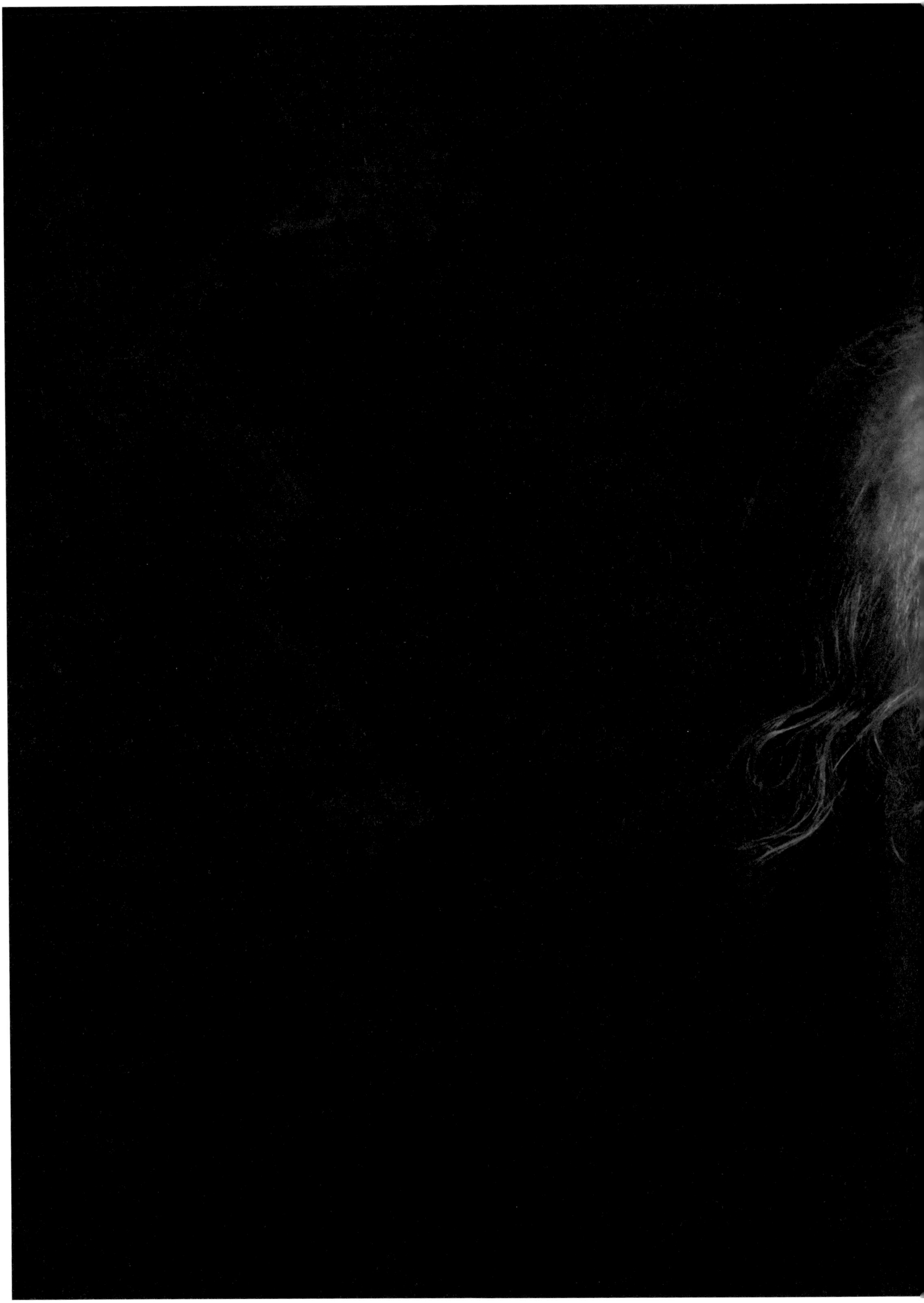

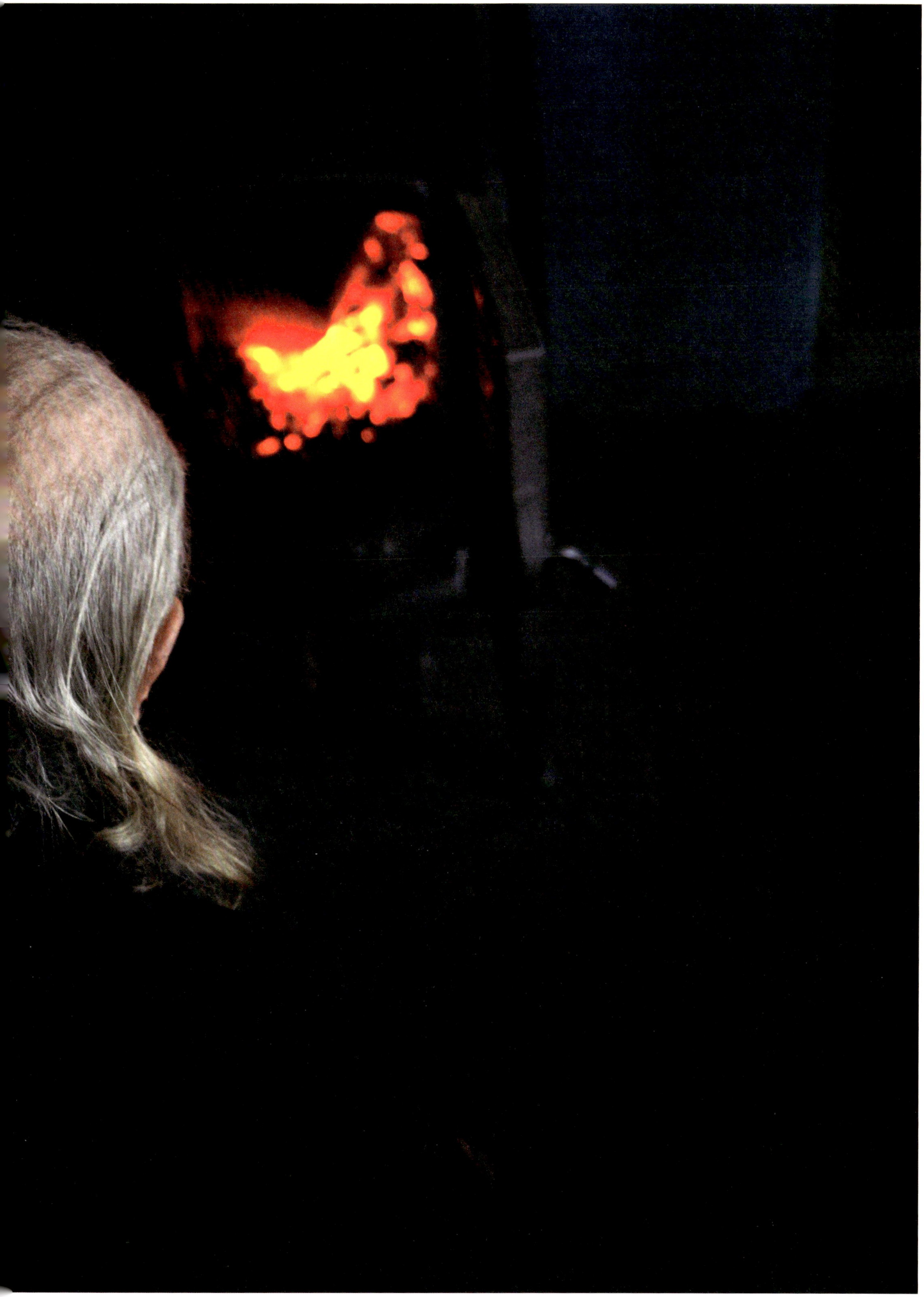

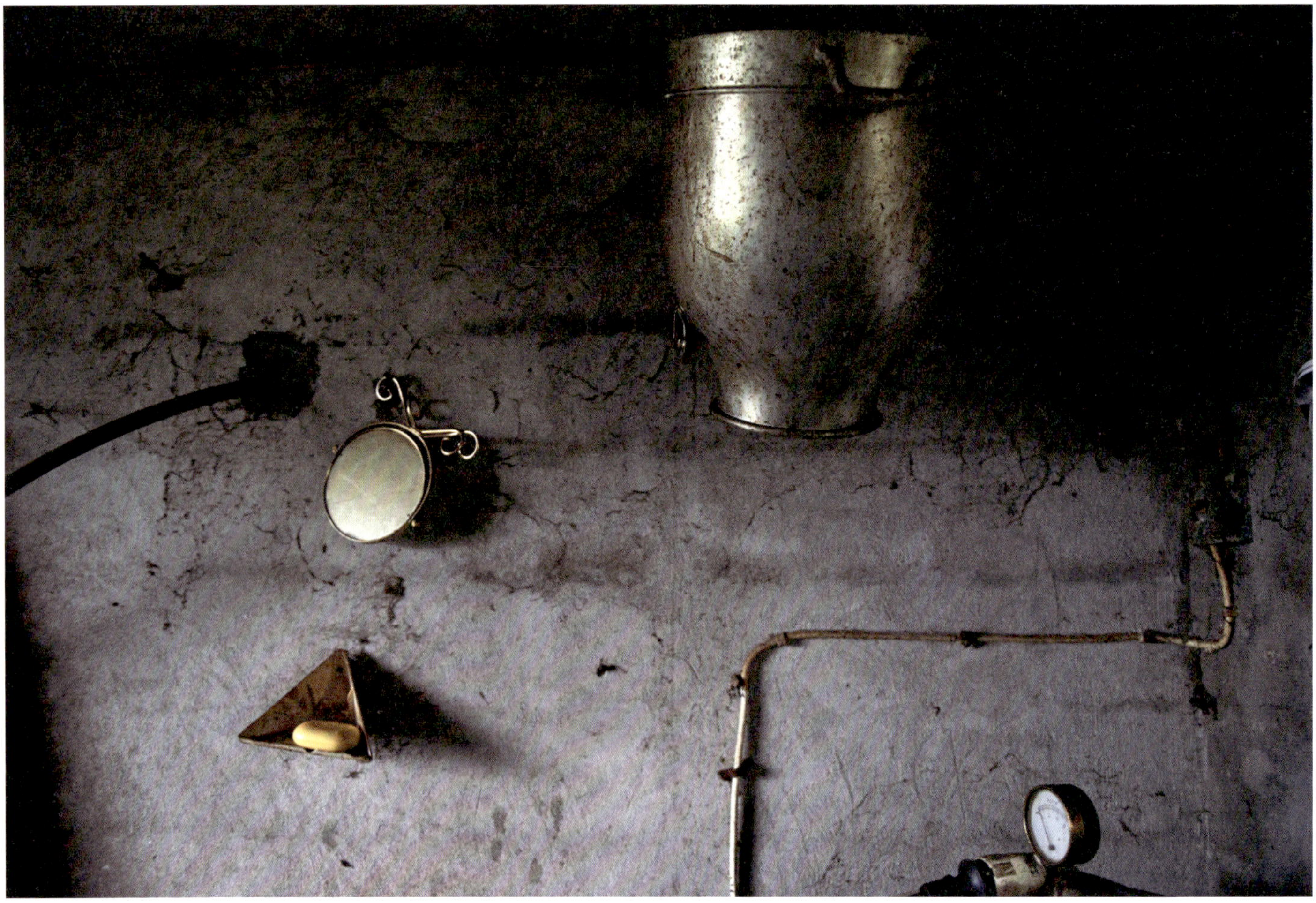

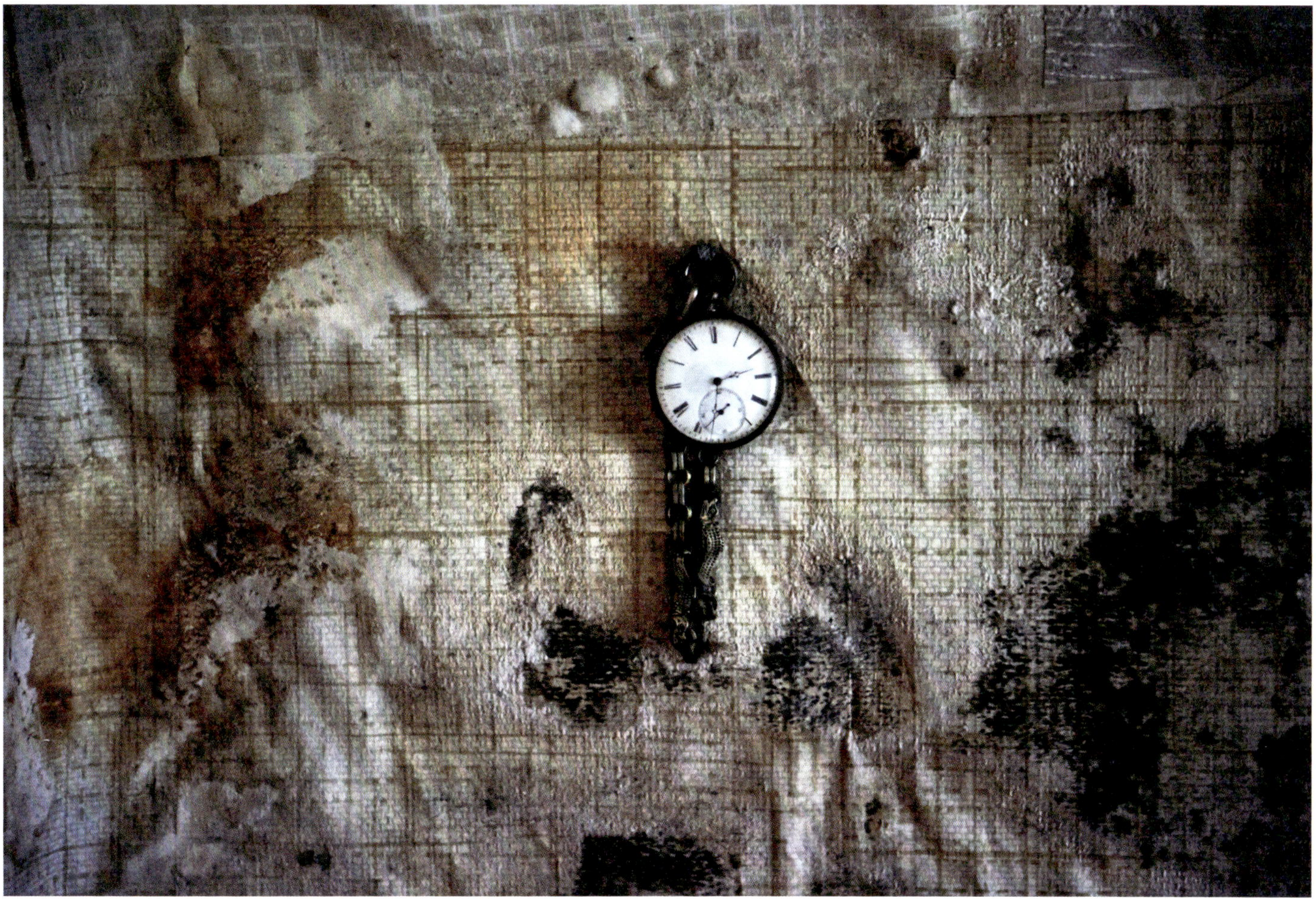

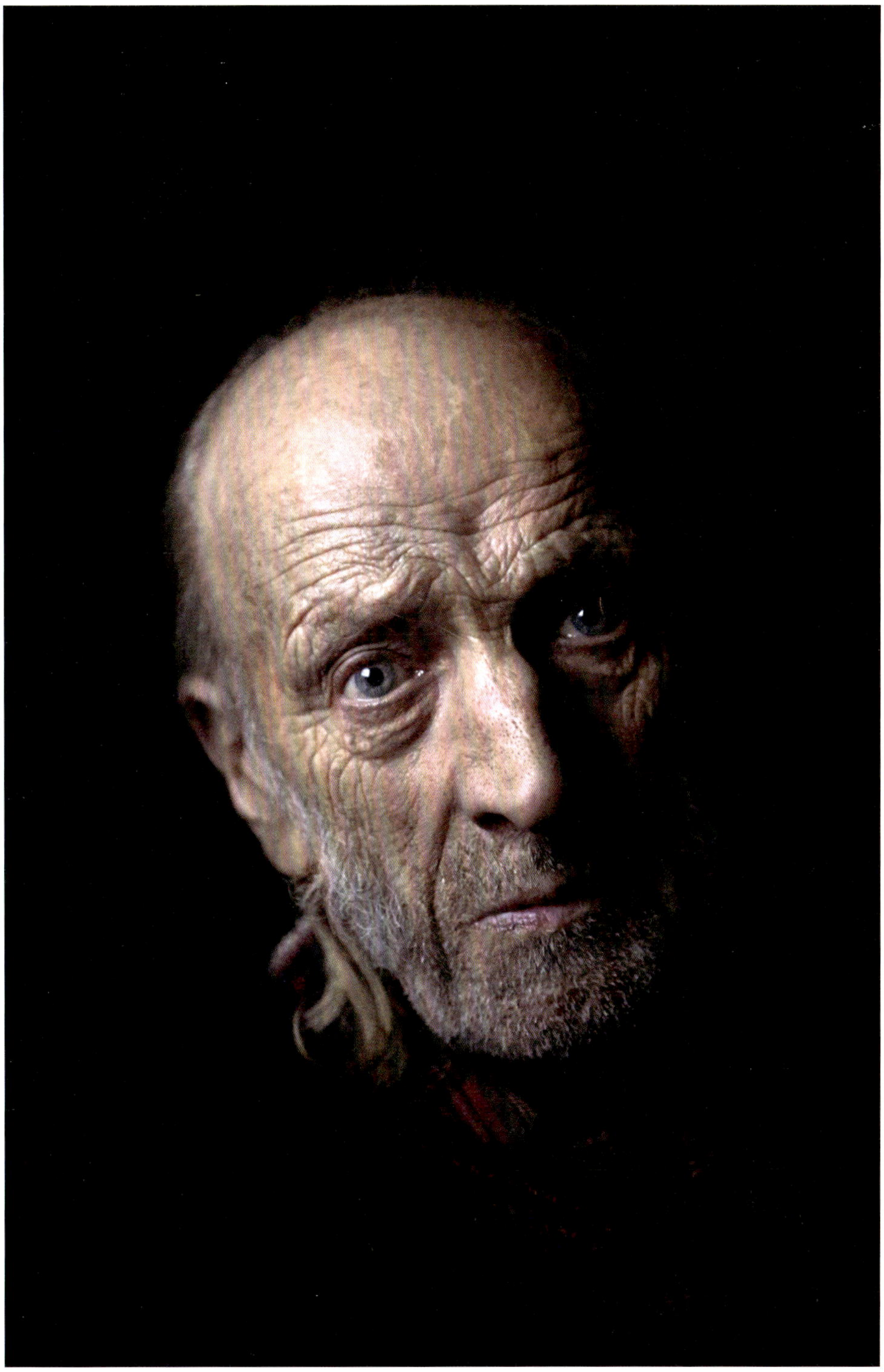

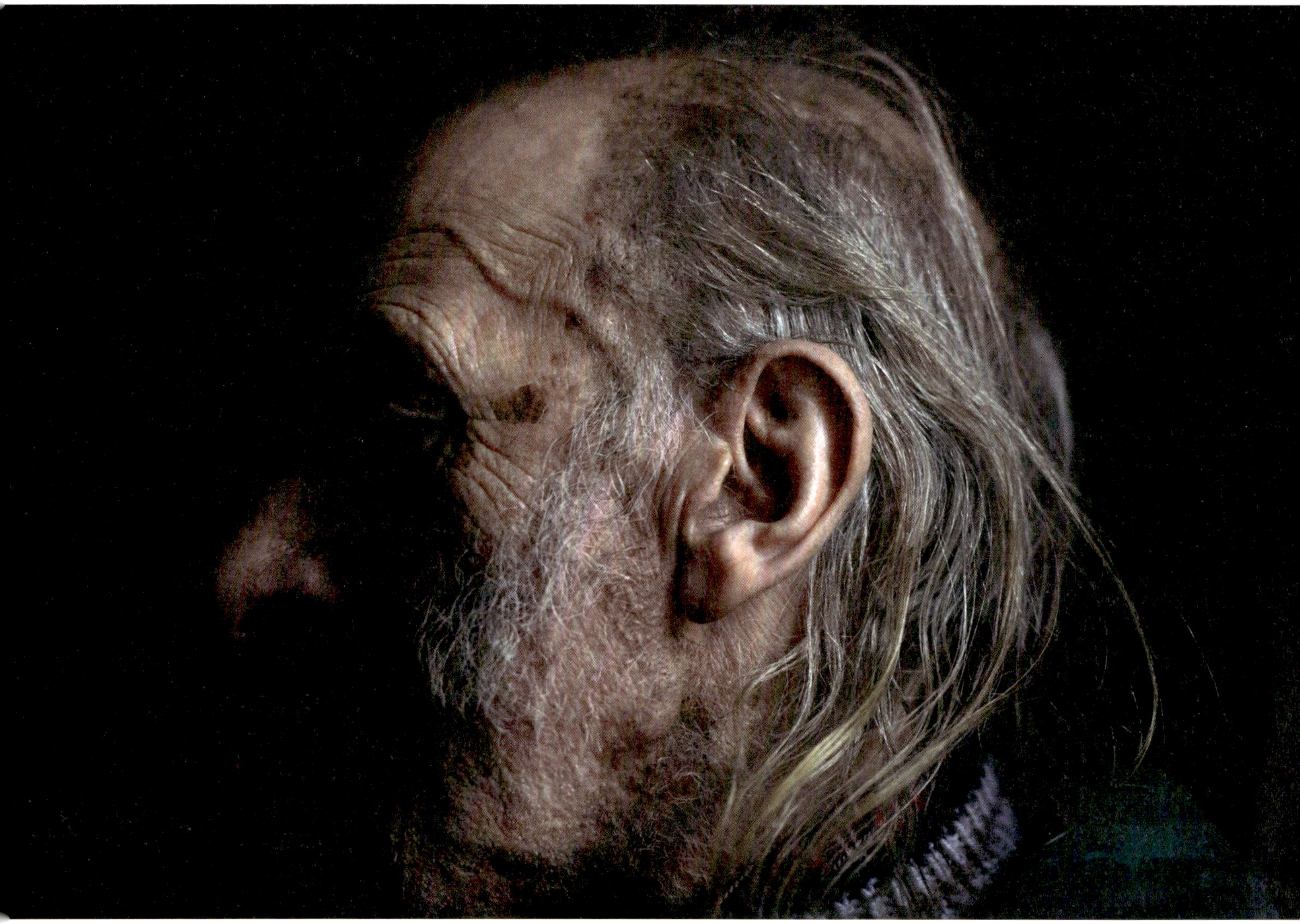

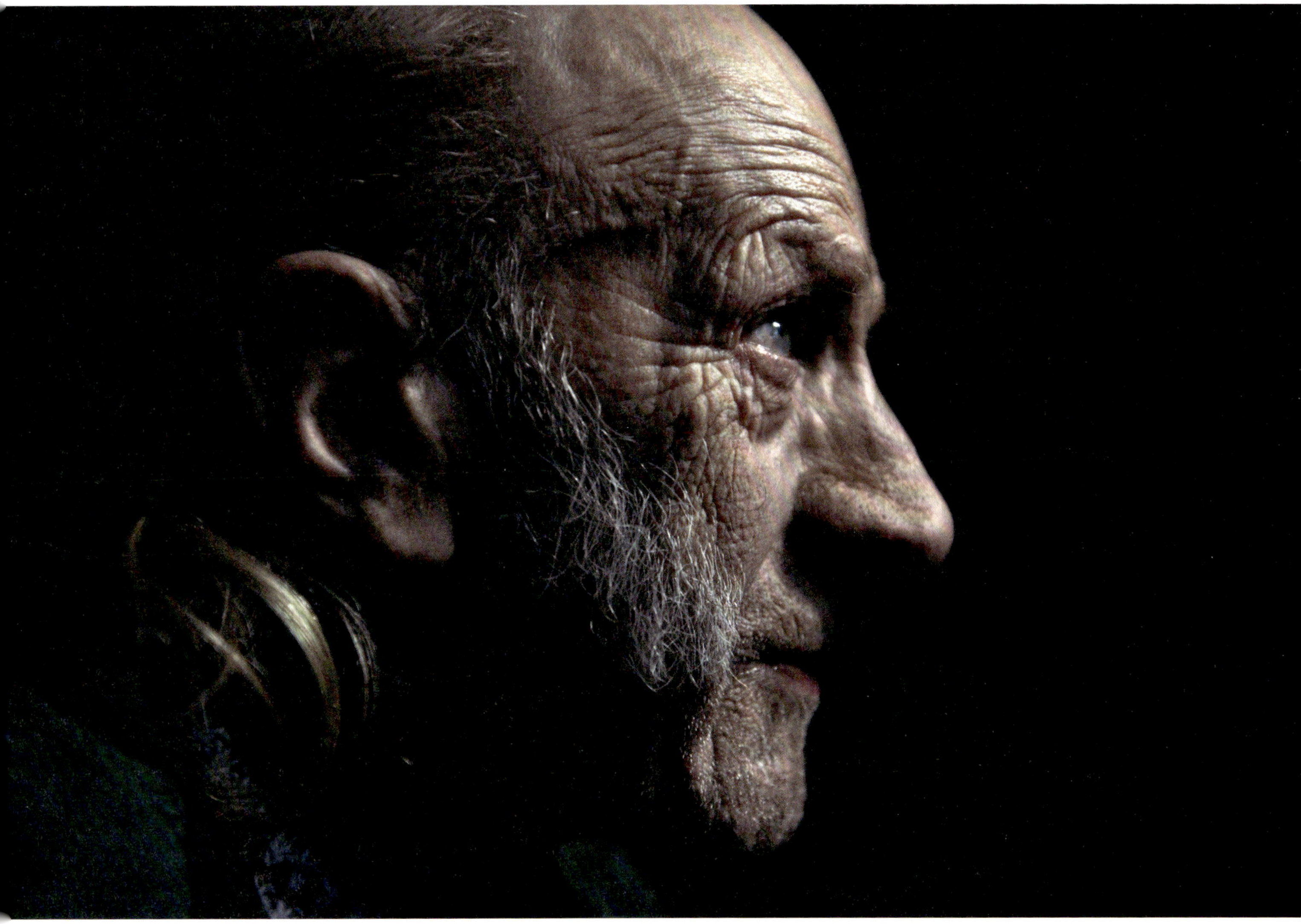

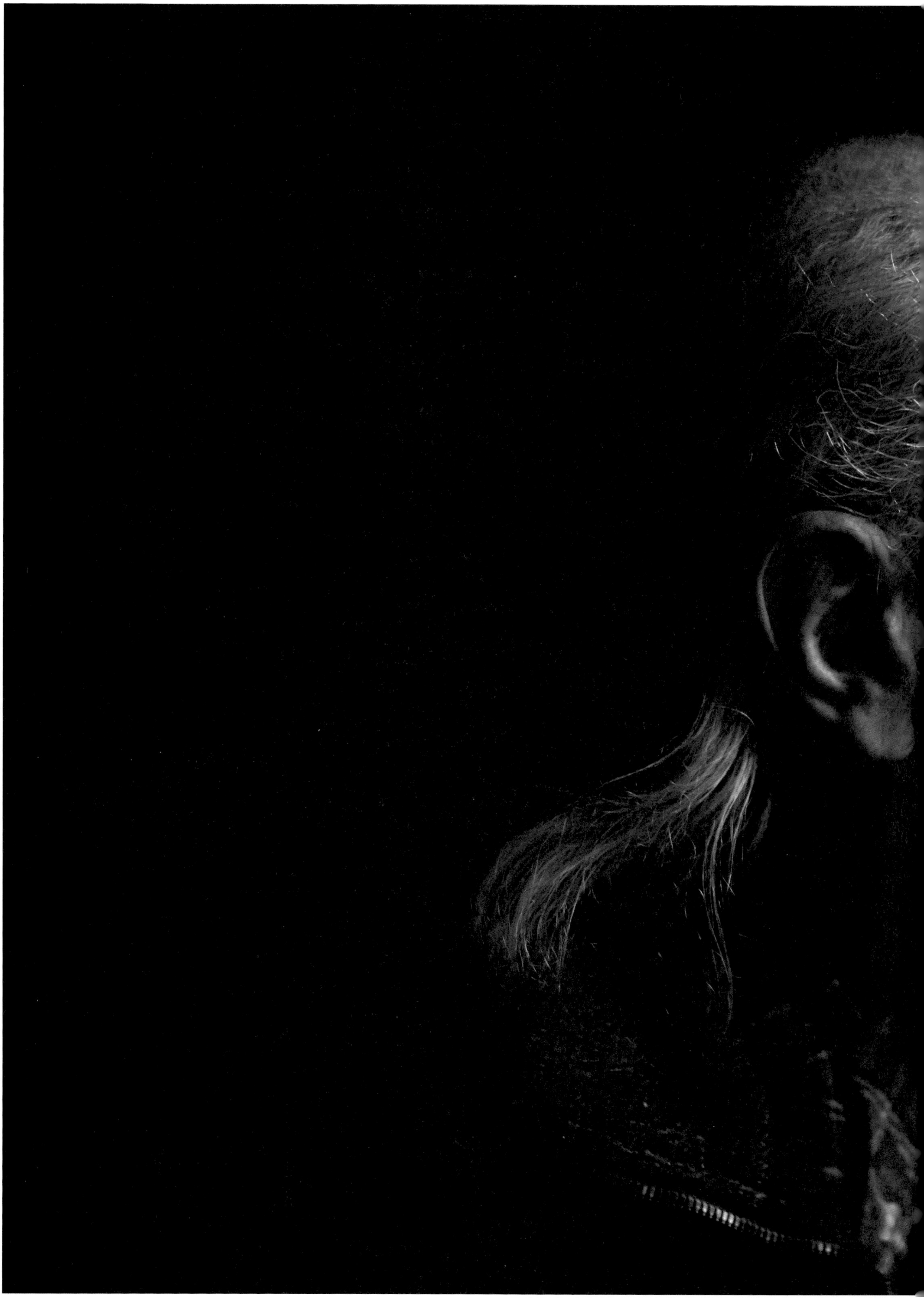

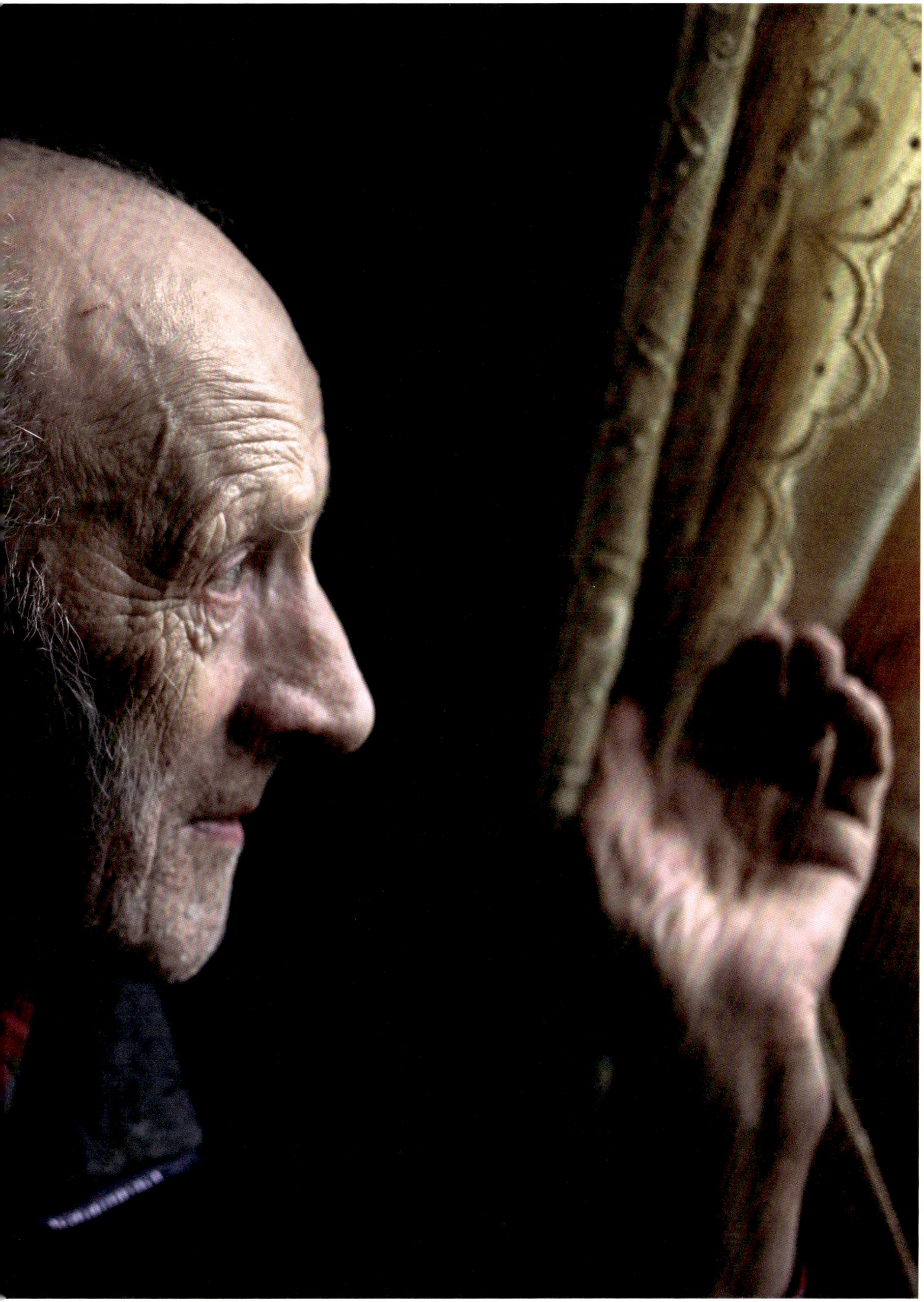

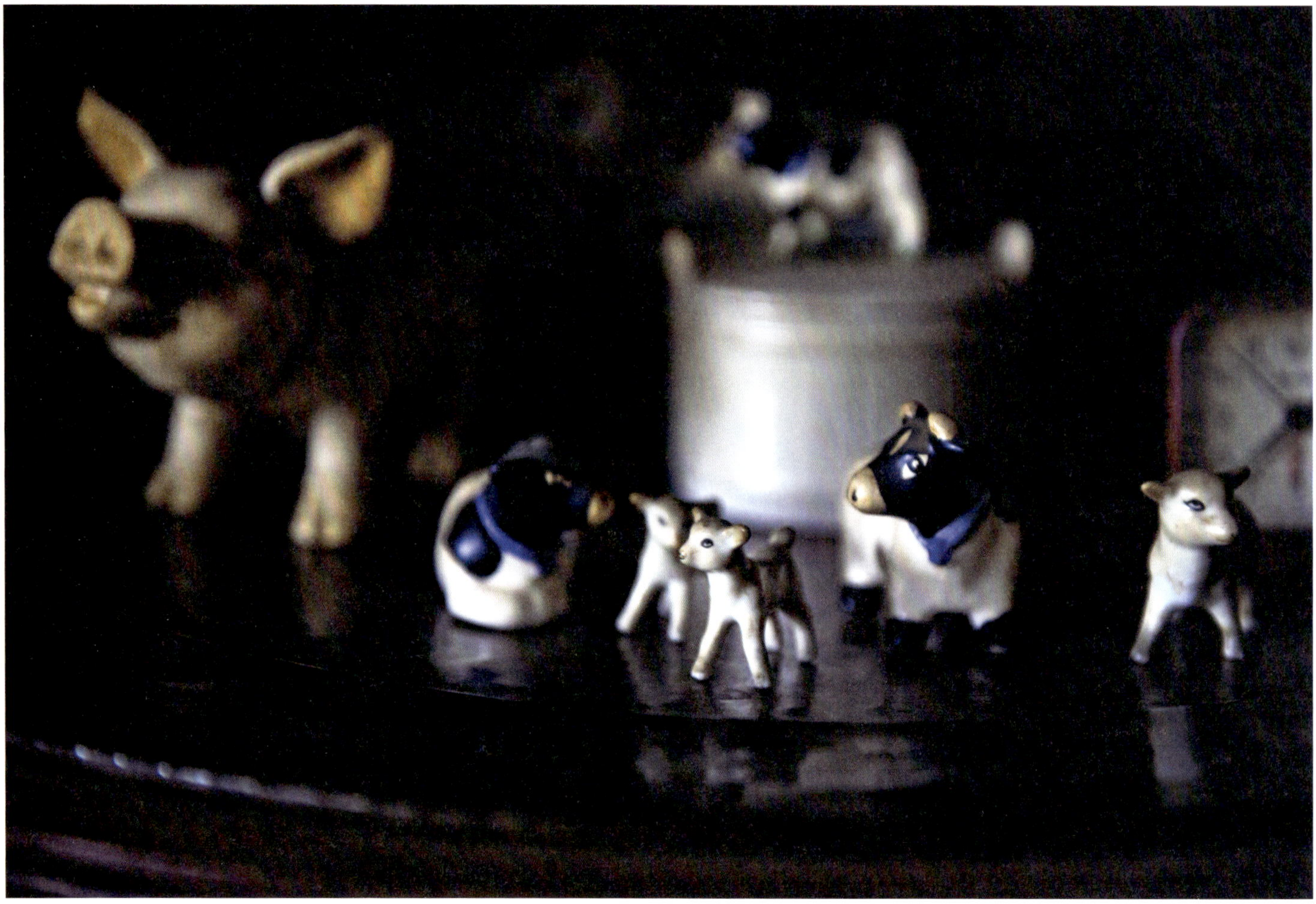

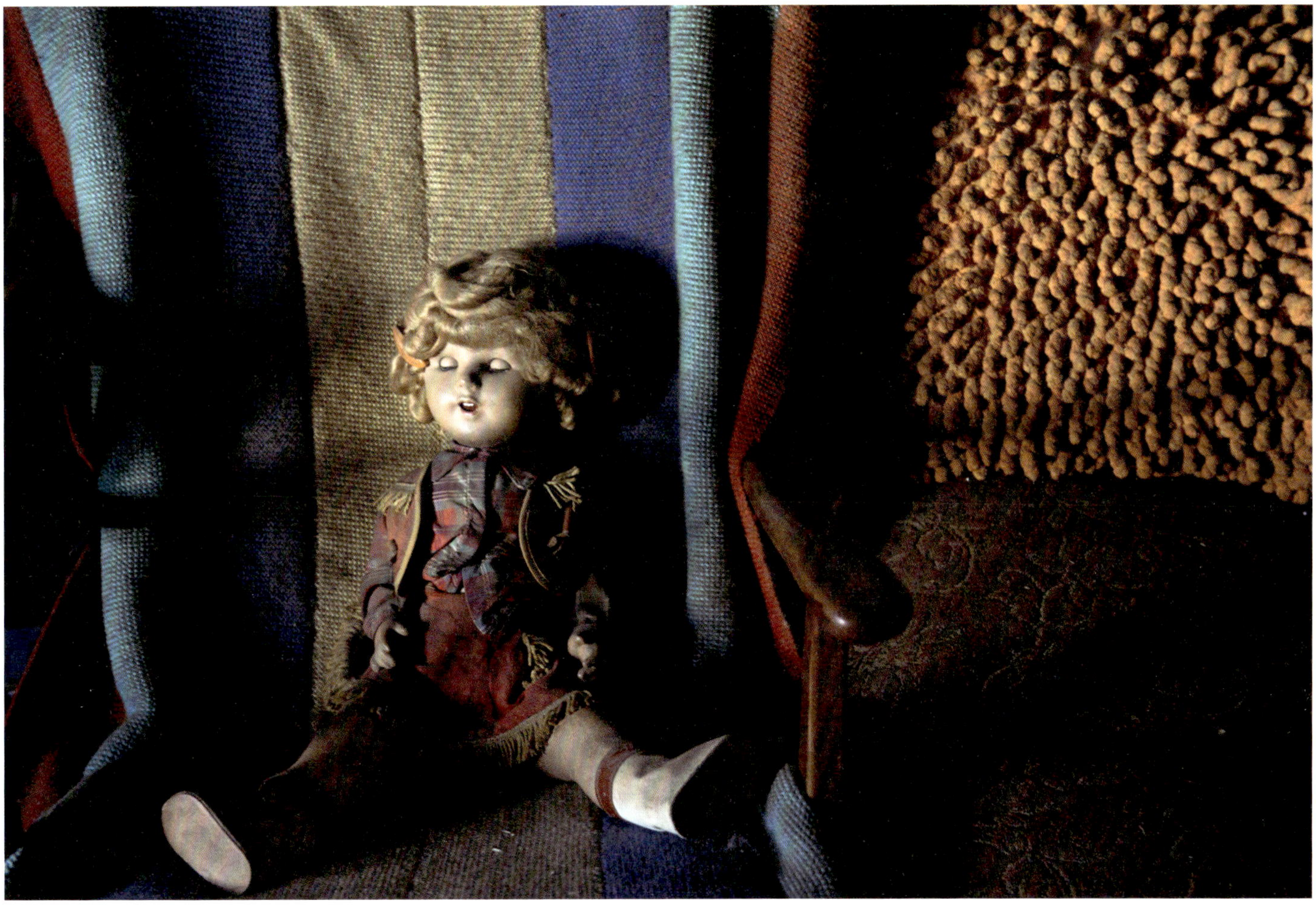

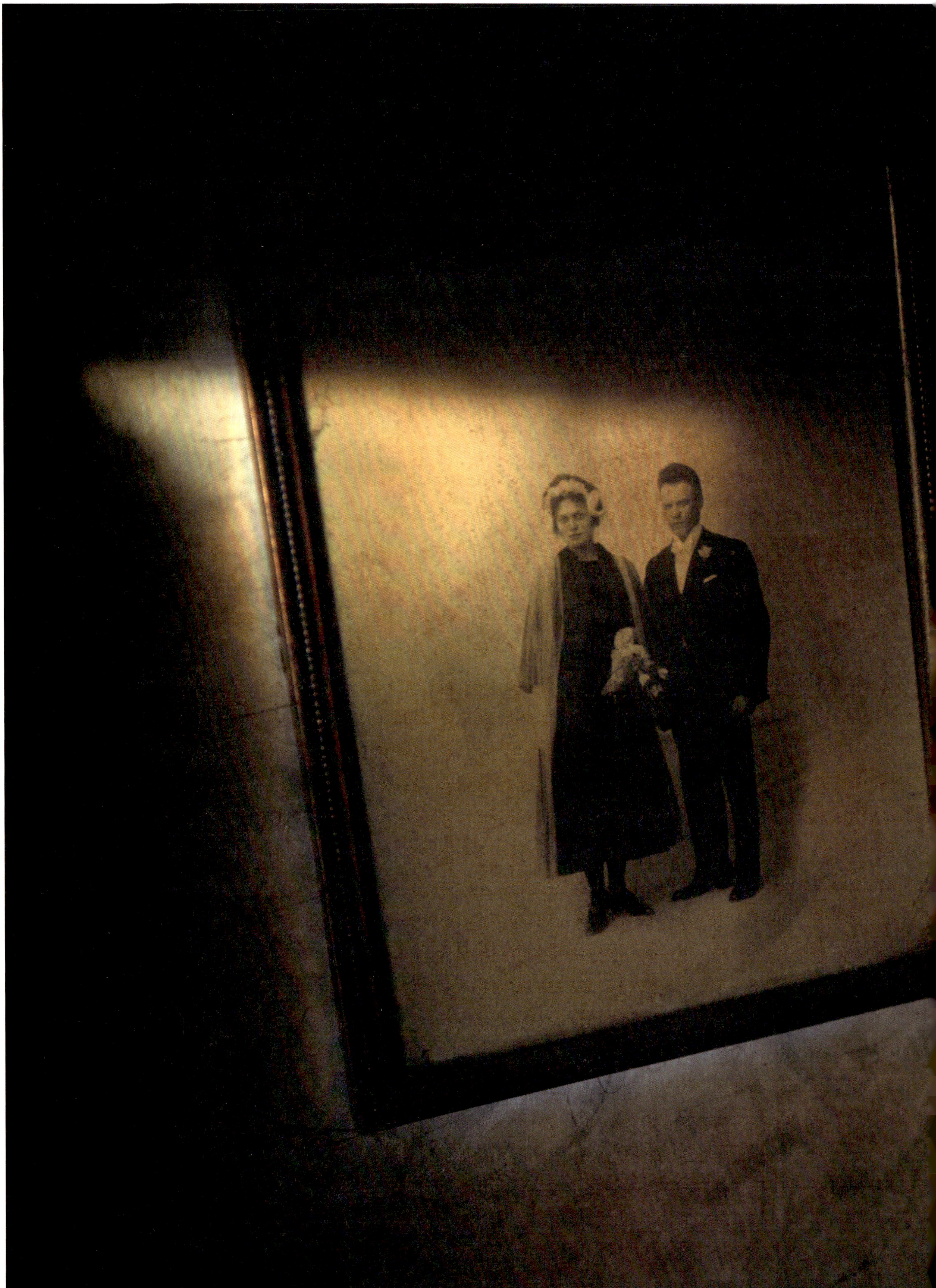

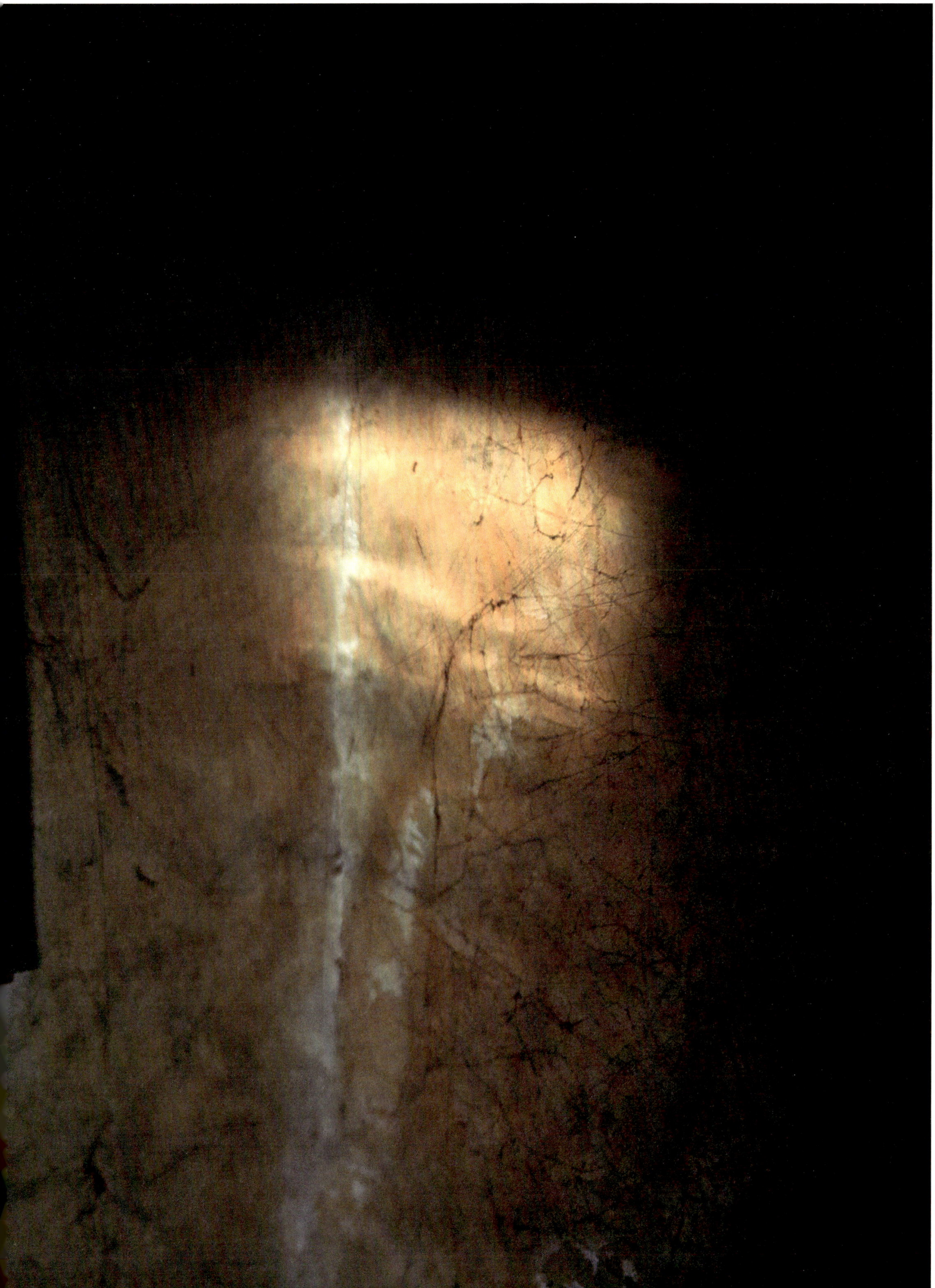

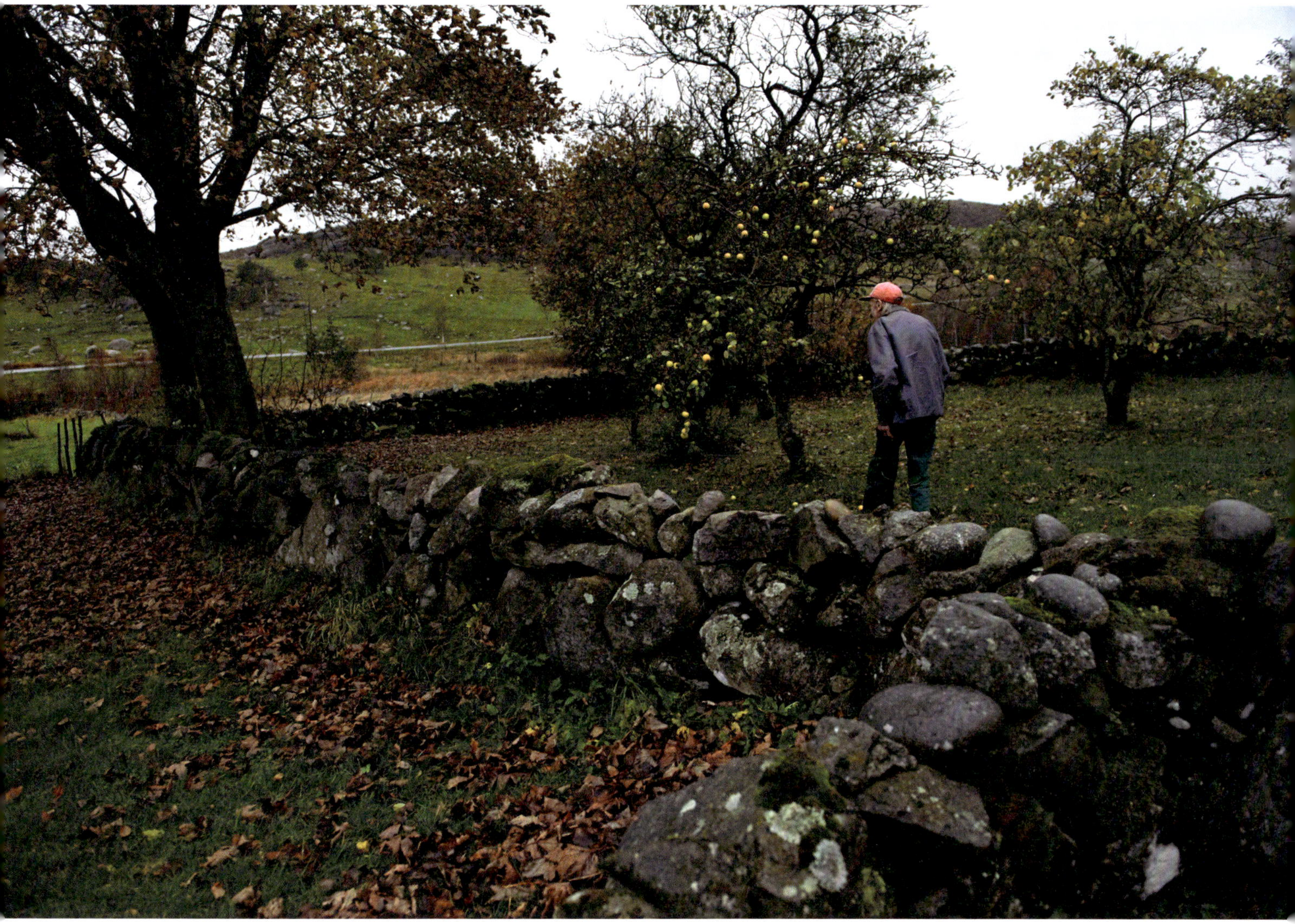

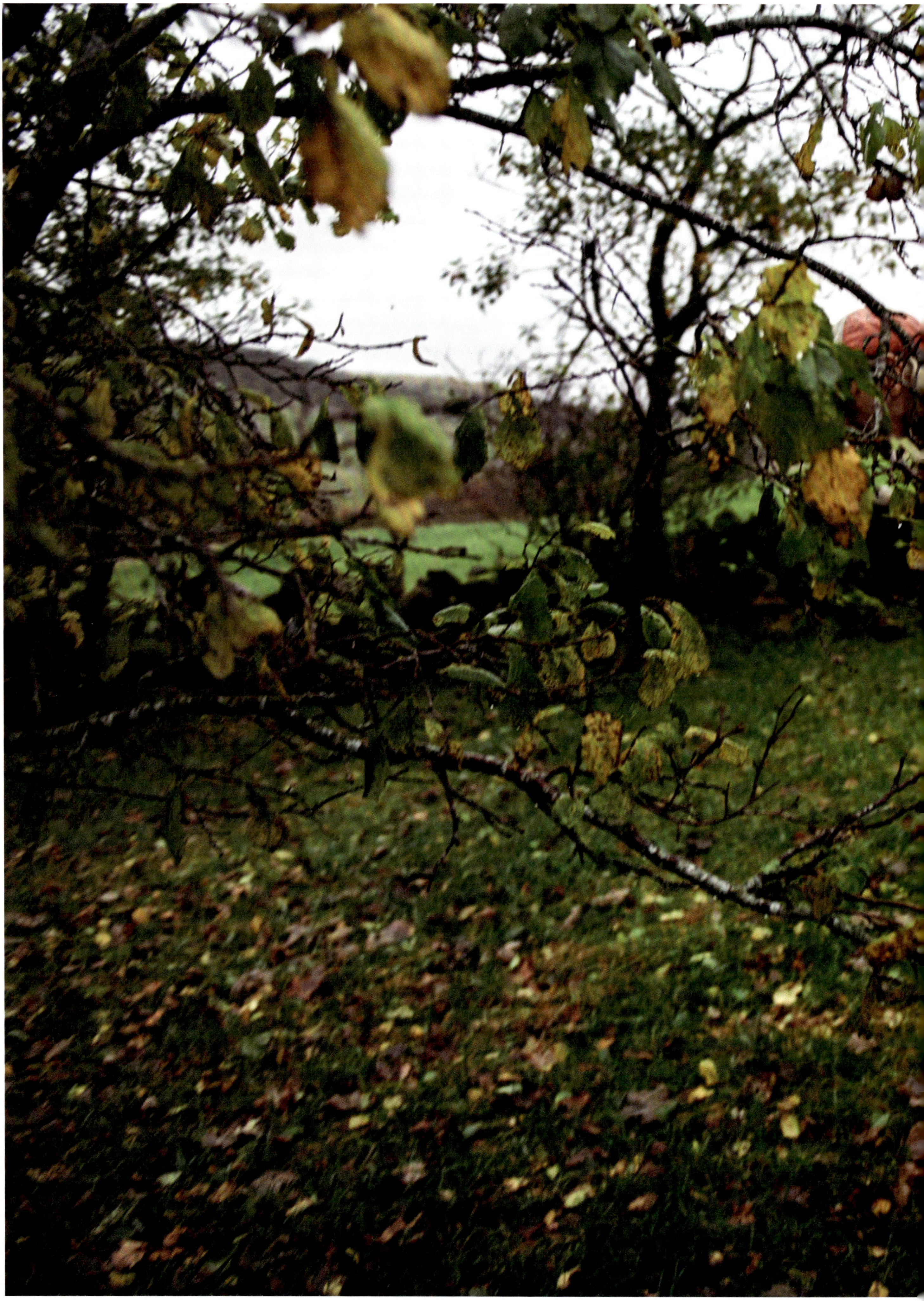

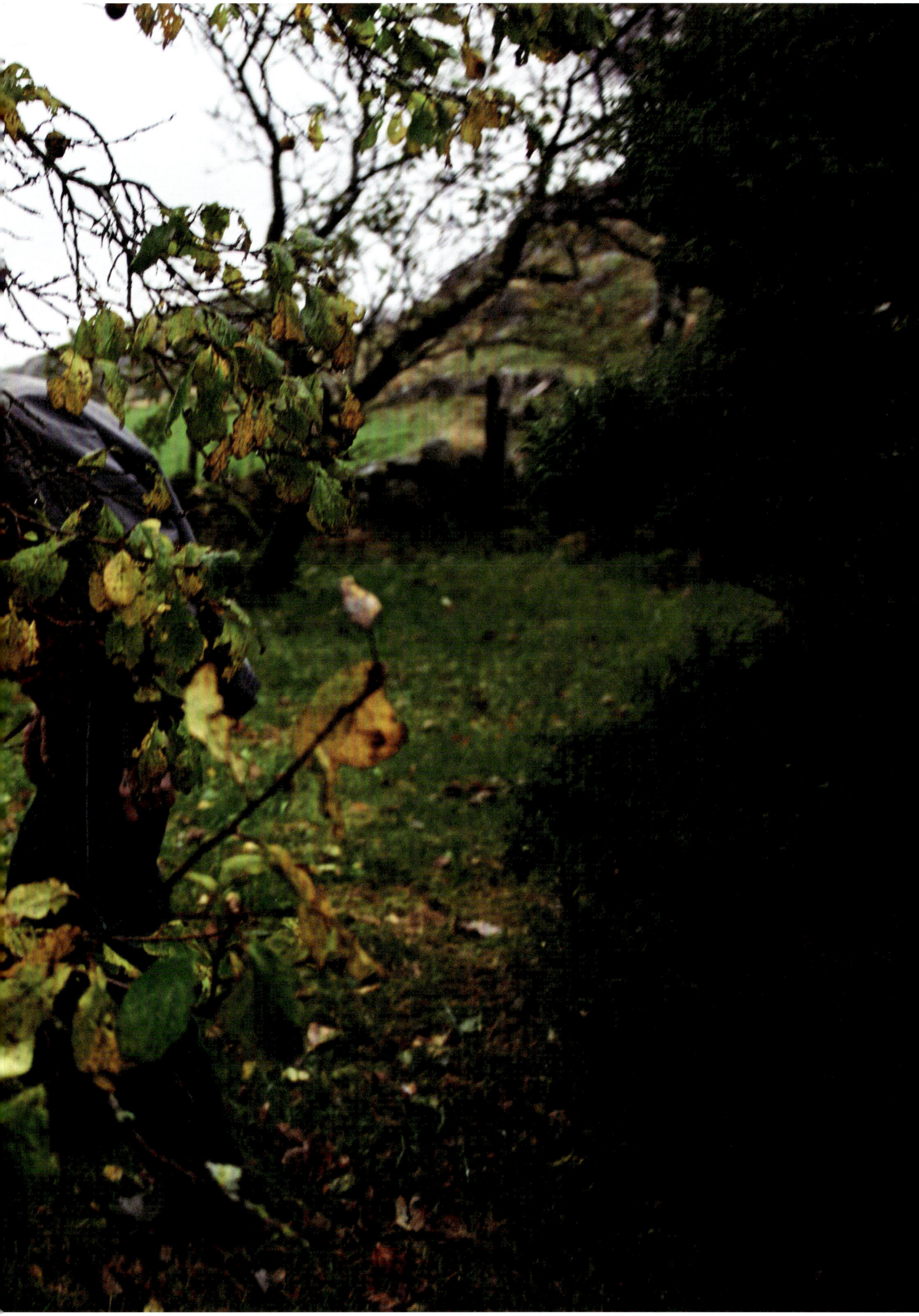

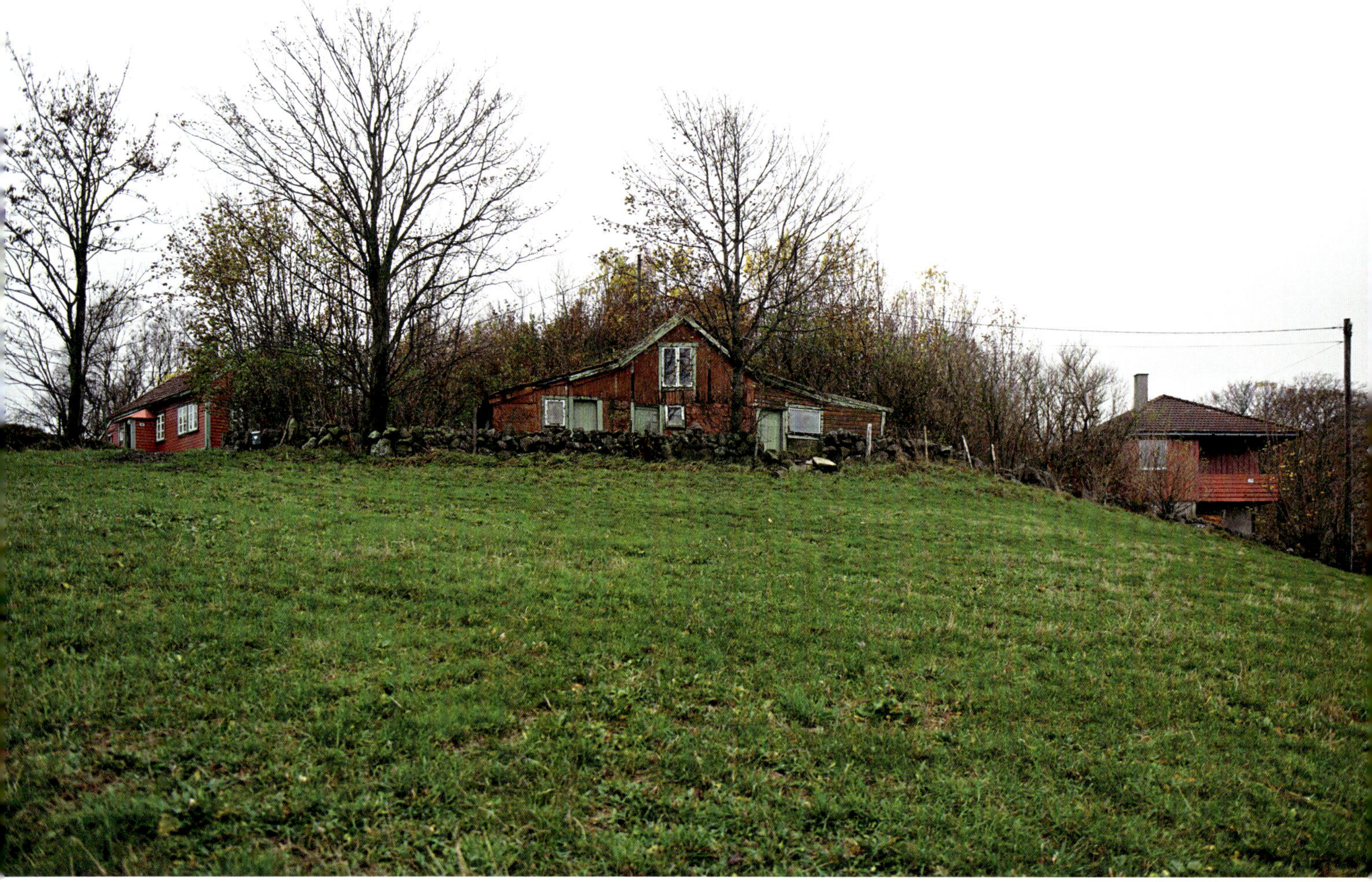

Edvard and Bergit Bjelland grew up with their parents and four other siblings in a traditional farmhouse in Brusand, Jæren, on the south-west coast of Norway. The Jær-style farmhouse is an example of a typical small farm from the 1800s and is a listed building.

Edvard is the fourth generation of his family to have owned the farm. In the past he had horses, cows, pigs, hens and over one hundred and thirty sheep. Now, no livestock are left and he rents out the land.

All the siblings, apart from Edvard, left the homestead. After spending several years in the city of Stavanger, his sister Bergit moved back to Jæren. In the late 1970s she had a new house built a stone's throw from her childhood home. Bergit died in 2011 and Edvard now looks after her house.

Neither Edvard nor Bergit married and there are no direct descendants.

Elin Høyland

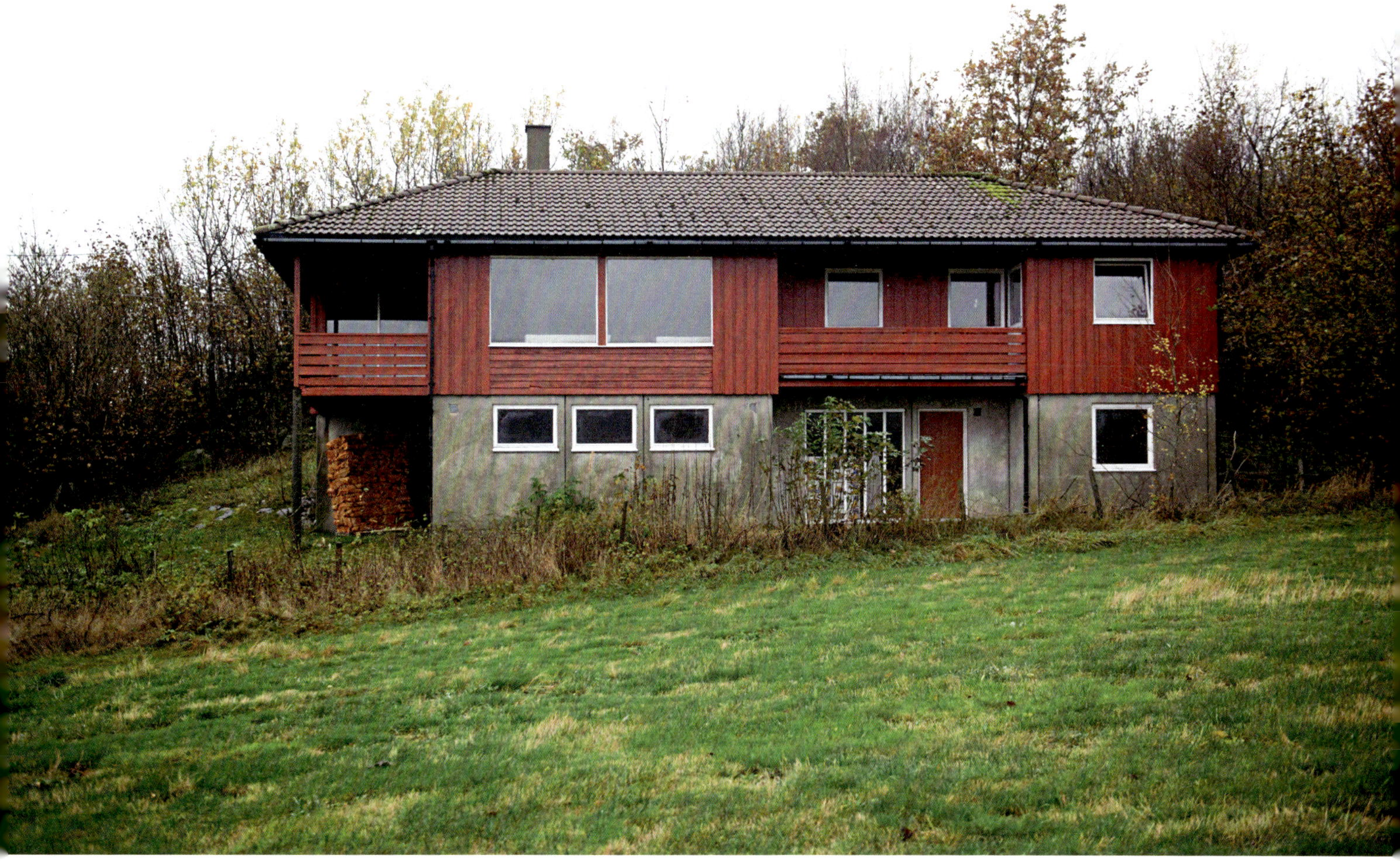

BROTHER | SISTER

He takes the key to her house with him, on his way to the cowshed. He feeds hay to the sheep and stands at the window while the animals stare at him. He stood here as a child, together with his father. He has stood here every morning and evening since. He stood here that morning in September after his sister told him she wanted to move out. He switches off the lights and pats his pocket to make sure the key is still there. One night he dropped it in the yard. He heard the clink on the gravel, but it was pitch dark and he had to wait until daybreak to find it. That was two weeks after she died. Since then he has never lost it.

They had lived together for years. She did the housework while he was in the cowshed. She cooked the meals while he worked the land. He thought it a good life. They were almost like a married couple. But one evening he noticed something was up with her. She was quiet. Then she had looked at him and told him about the house.

They were sitting in the kitchen and her eyes had a new glow about them. He had not seen her like that since she was a child. She had picked out a site just behind the knoll, she told him, where there was only rock and thicket, where there had never stood a house. "You're planning on building a house?" he asked, in disbelief. "I thought mum could come and live with me," she replied. "Mum?" he exclaimed. "But she lives at the home." "She's old," she said calmly. "She needs to have someone around." He looked at her. She looked at the table. Then at her hands. He shook his head. "And what about me then?" he said. Whereupon she got to her feet and began clearing the table briskly. They did not speak about the house again. Not even when the blasting began for the foundations or the earthwork commenced. Not even when the framework was in place and the windows were put in. Not even when the house was finished, standing there with all its empty rooms. By that time their mother was dead, but his sister moved into the new place all the same.

He helped her with her things. Everything that had seemed to belong to the home they had shared. He placed suitcases with clothes and table linen on the tractor loader and drove them right to the door. He carried everything in and set it down on the polished floors. The rest she bought new. He helped her carry in the sofa, the coffee table, the cupboards and cabinets. He saw how nicely it turned out. Everything was clean and new, there was a bathroom and a laundry room, a guestroom in the basement, a kitchen with shiny taps from which the water gushed out, and a living room with enough space for a large family. And here, in the middle of all of this, his sister would live on her own. He thought it madness, but her delight rubbed off on him. He was struck by how single-minded she was – that she knew exactly how she wanted everything – from the flowery sofa, to the embroidered cushions, to the porcelain figurines she arranged in the wall cabinet. As though she had been planning it all for a long time, that she had pictured it all while they were still living under the same roof. It occurred to him that he had not known who she was. And that now it was too late.

The first nights that he spent on his own were strangely quiet. Autumn had arrived. He built a good fire in the stove, felt the warmth on his face and heard no other sound than that of the flames. Even though the new house was just behind the knoll, he had to put on another layer and go a little way down the road before he could see the lights. And so it is still. He has to walk for a bit before he can see the outside light, other than that nothing else can be seen. It is as though the entire house has dissolved into the darkness and disappeared. There used to be lights on in the kitchen or the living room, and in the bathroom now and again. He sometimes saw her through the windows, sitting on the floral sofa with knitting or needlework in her lap. On occasion he would stop, remaining standing until she lifted her gaze towards the window, but she could not possibly have seen him. All she could have made out would have been her own reflection.

Often she would invite him for dinner. On those occasions they sat together as before, only that everything was new and unfamiliar, and after eating they drank coffee, he in one of the armchairs, she on the flowery sofa, and everything was almost as before, right up until he had to leave. "I'd best be off," he would say, getting to his feet. And she made no reply, only saw him to the door. He would walk downhill in the darkness, and hear her turn the lock. And then he would stop and turn. He could not free himself from the thought that he had not known who she was. Nor can he now, as he walks the short distance from the cowshed over to her house and puts the key in the door. He never understood where she could have bought all the porcelain figurines, or why she had not bought them before, when they lived together. He liked them too, after all. But he never said so. He switches on the lights in the hall, removes his shoes and stands listening. He makes his way up the stairs, turns on the light and looks around. This is what is left. Everything lovely and unfamiliar she must have had within her. He makes sure all is as it should be in the kitchen. He makes sure all is as it should be in the living room. Then he sits down on the sofa, in exactly the same spot where she had sat when he had stood outside on the road, when she had looked up and could not possibly have seen anything other than herself.

He looks over at the floral wallpaper. It is as though the flowers have grown now she has gone, that they are gradually spreading out across the walls, across the sofa and cushions and will eventually take over the whole house. He notices the smell of the cowshed he carries on him. He sits there for a long time, touching nothing.

Gaute Heivoll

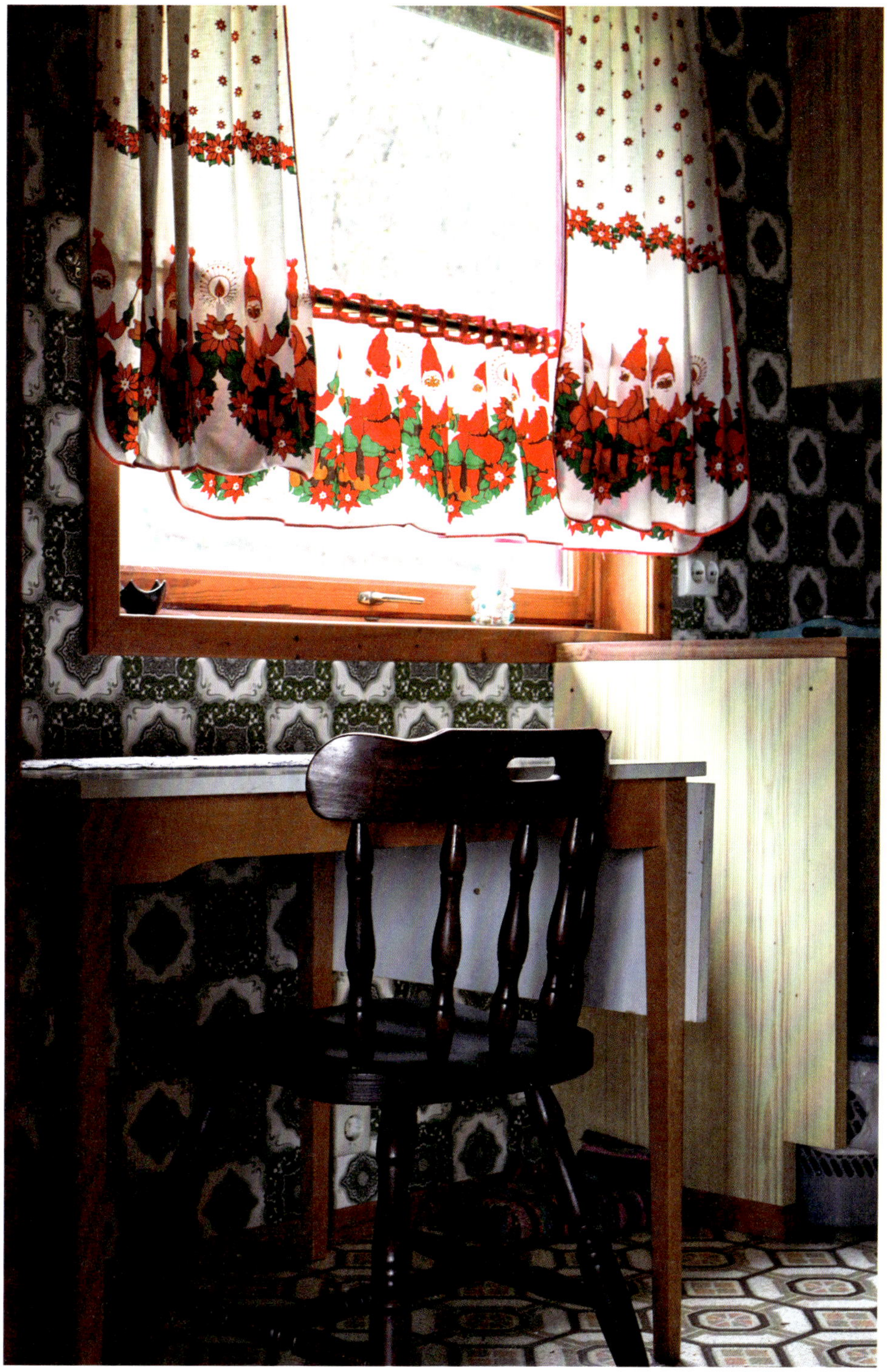

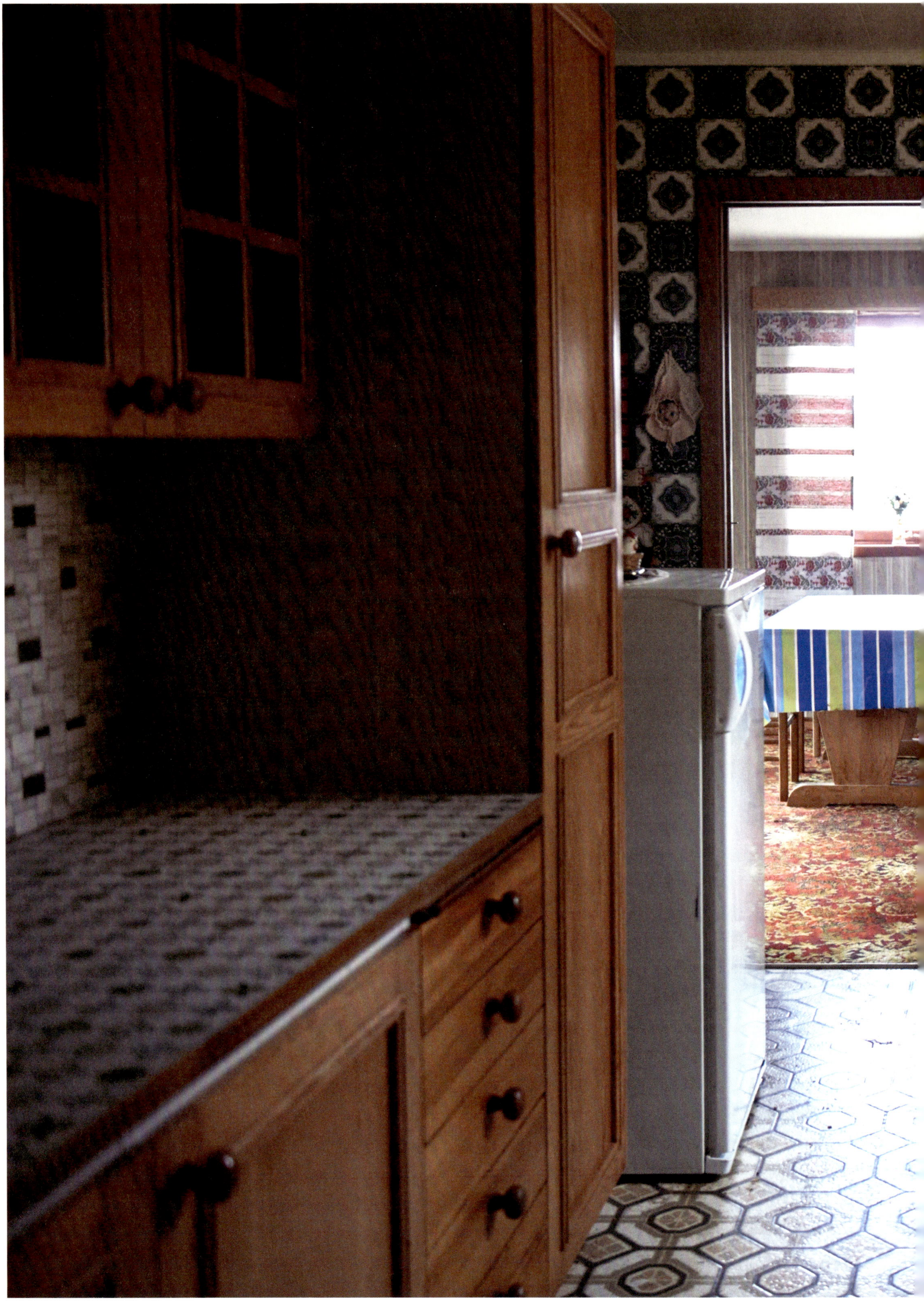

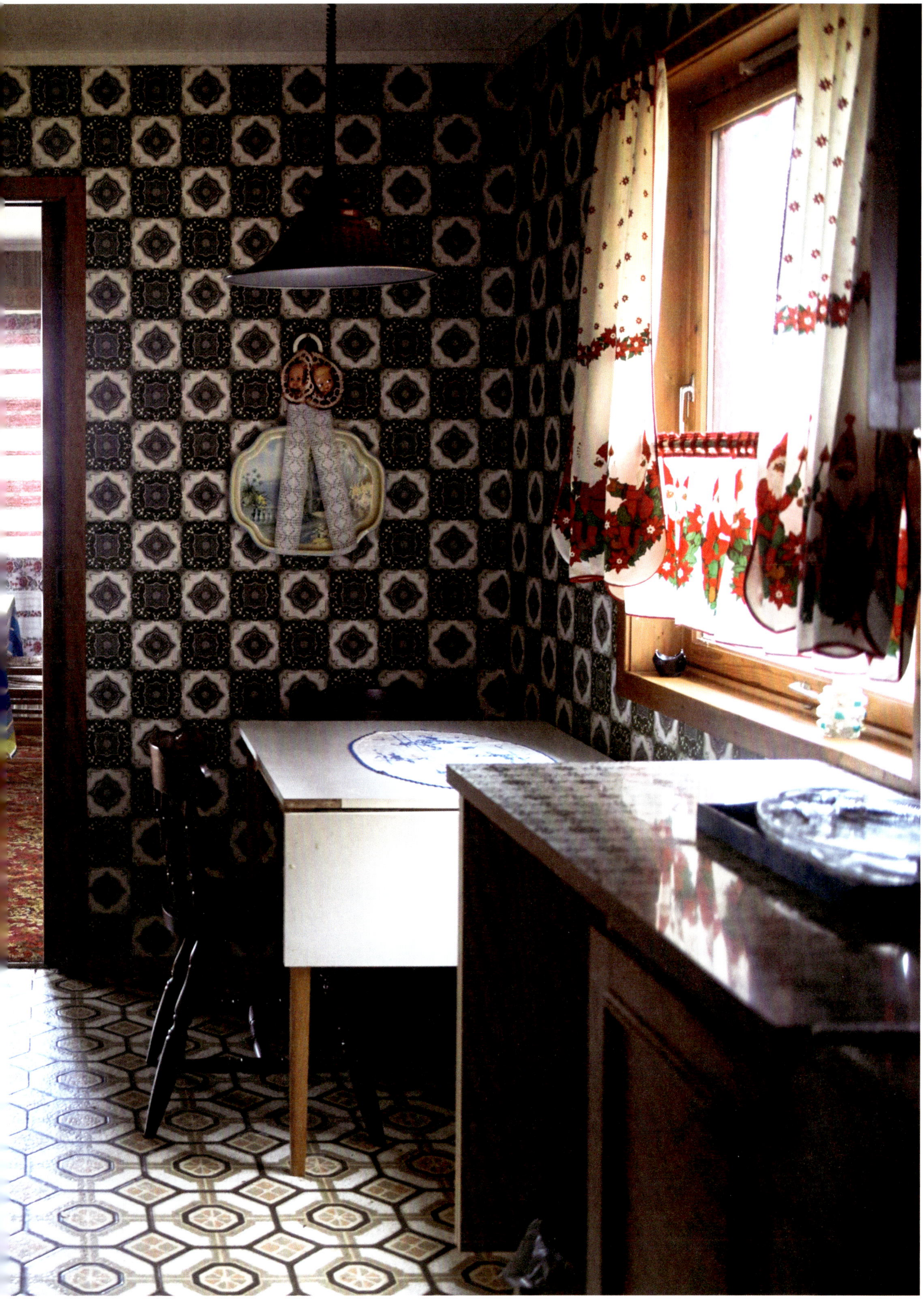

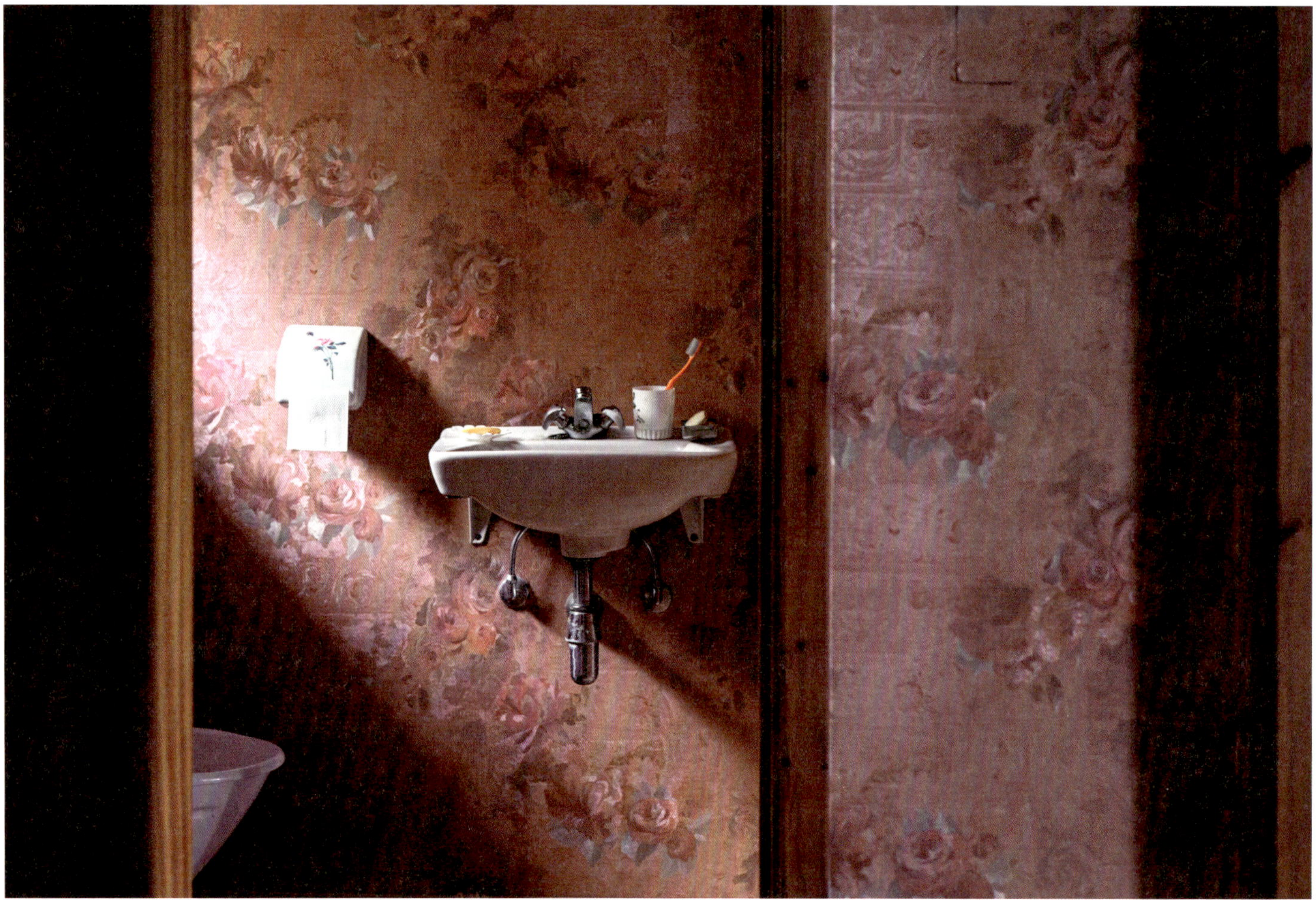

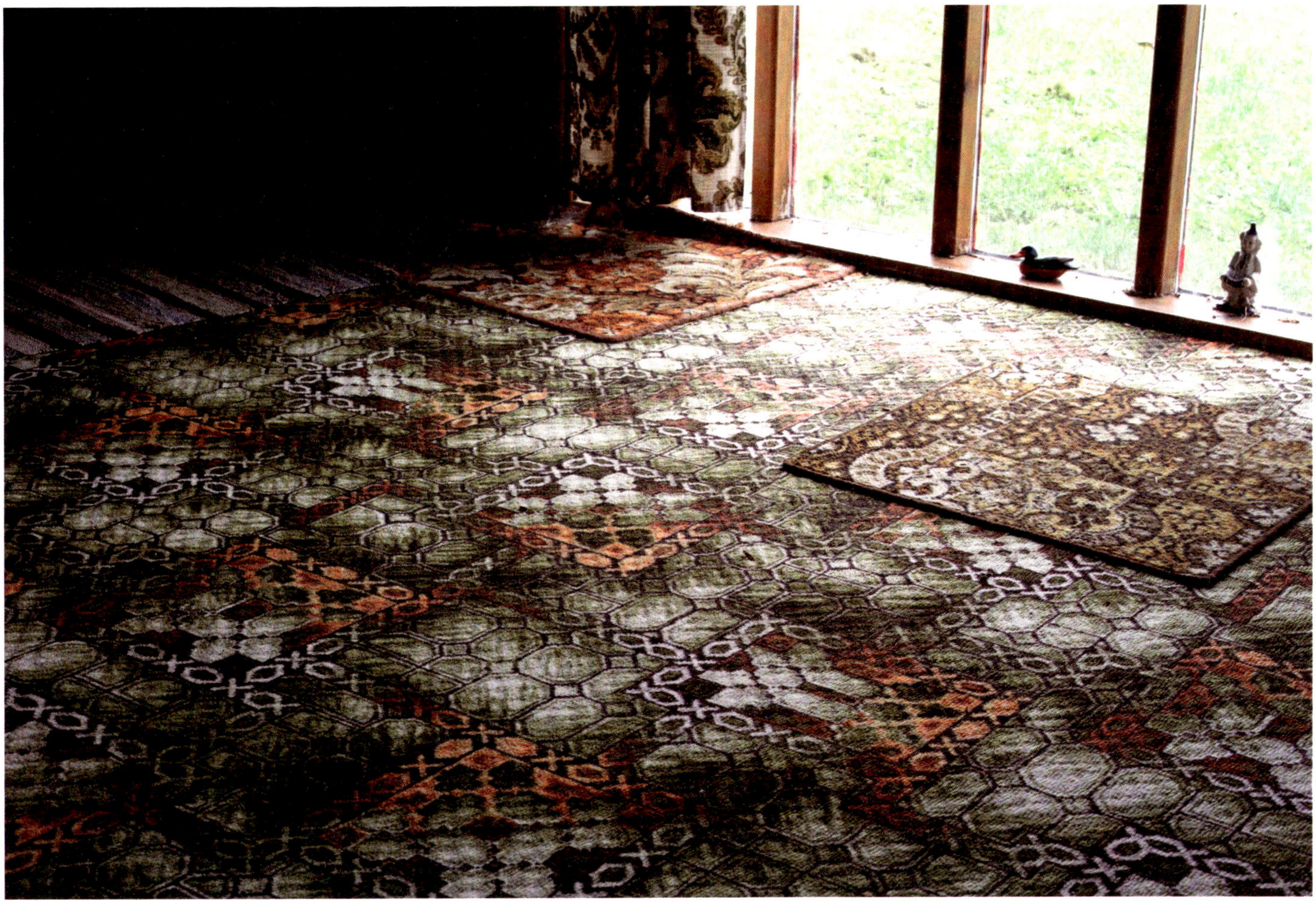

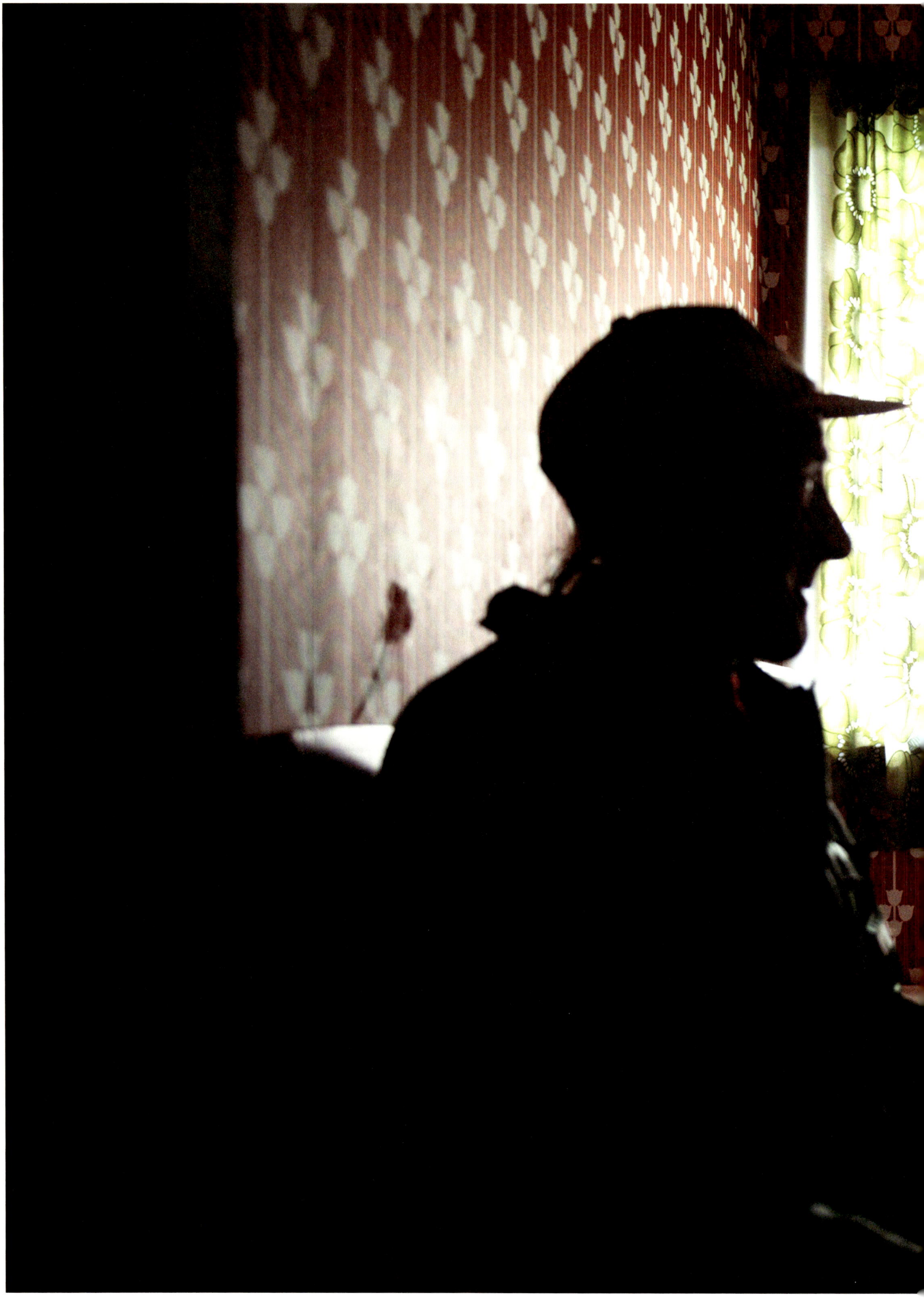

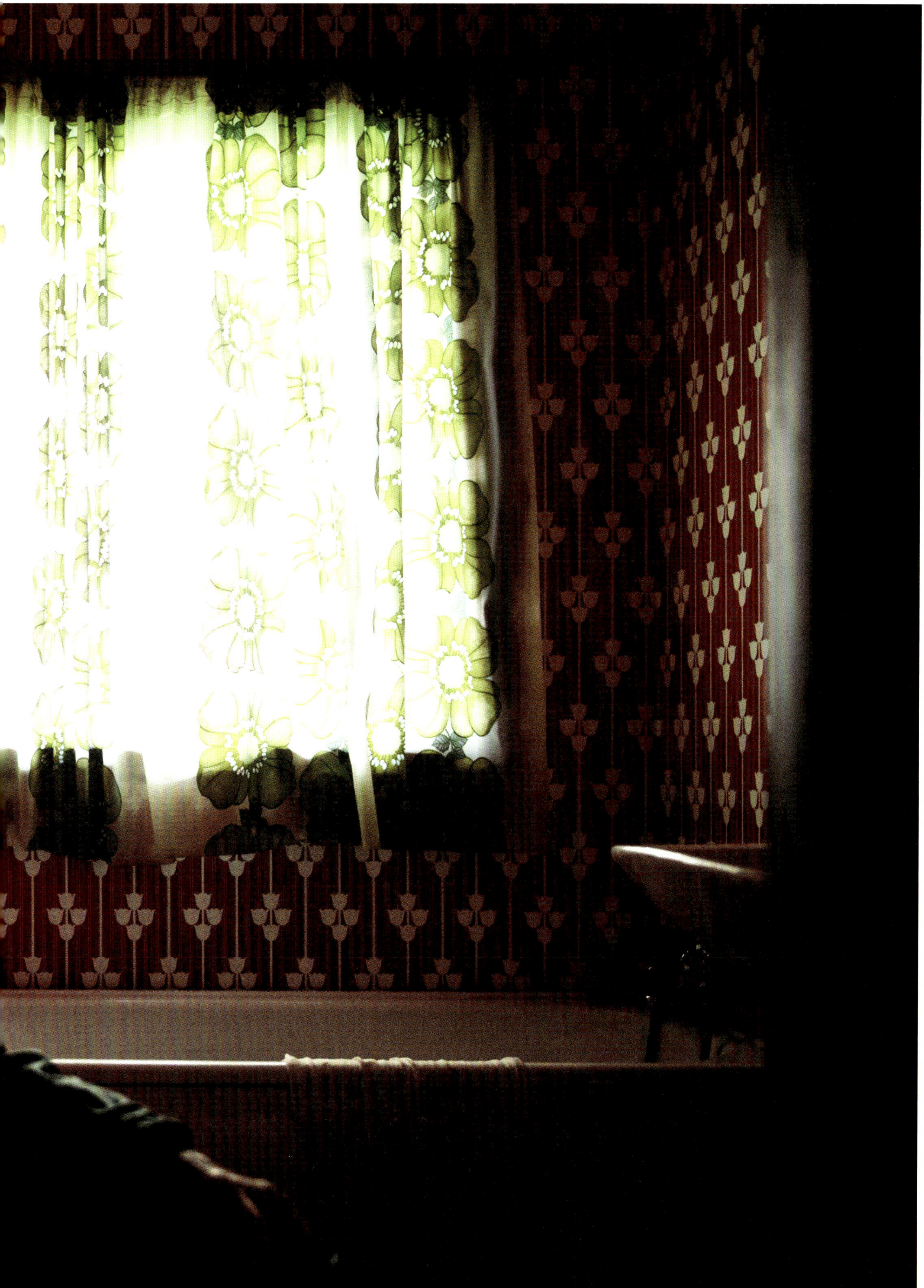

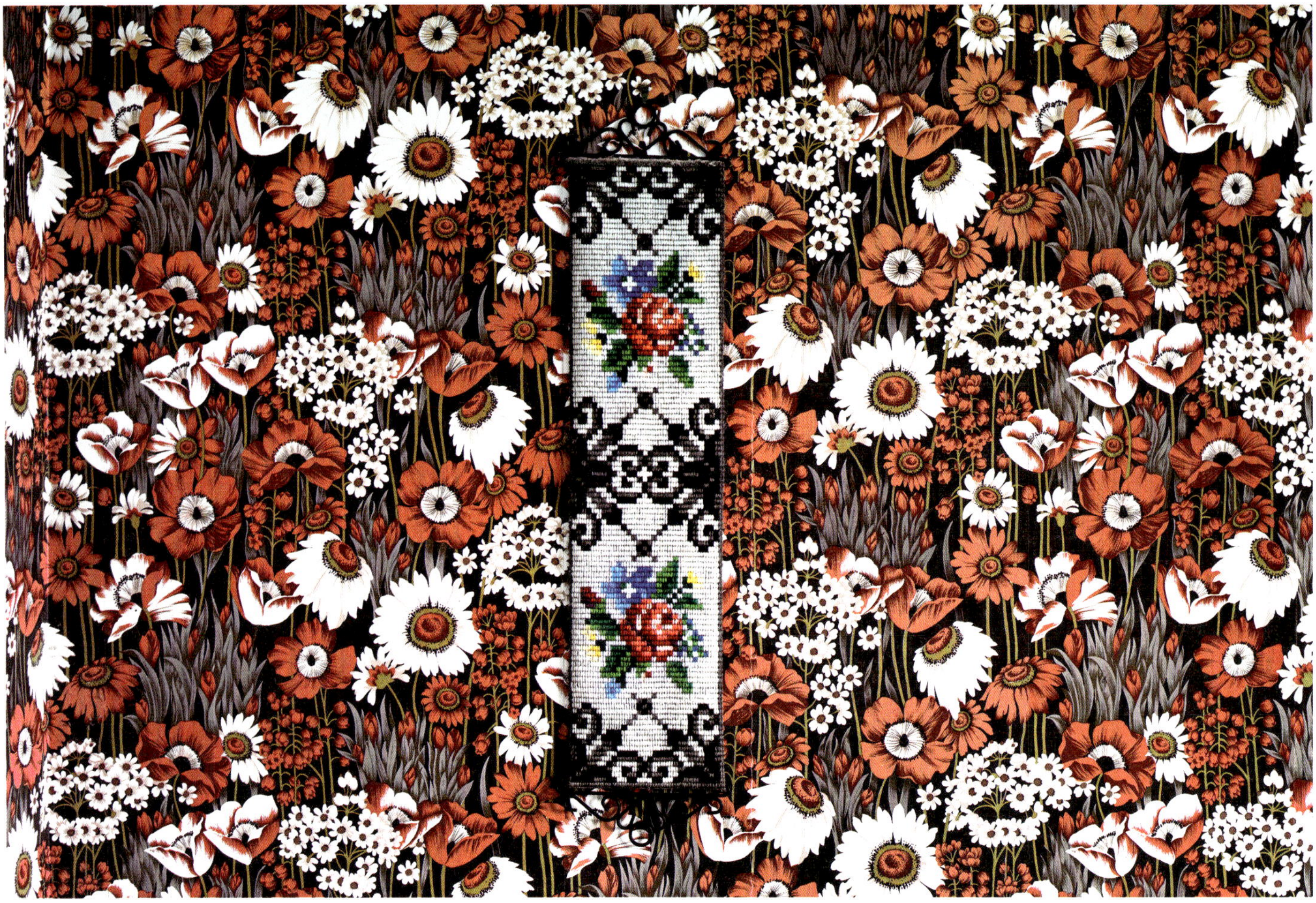

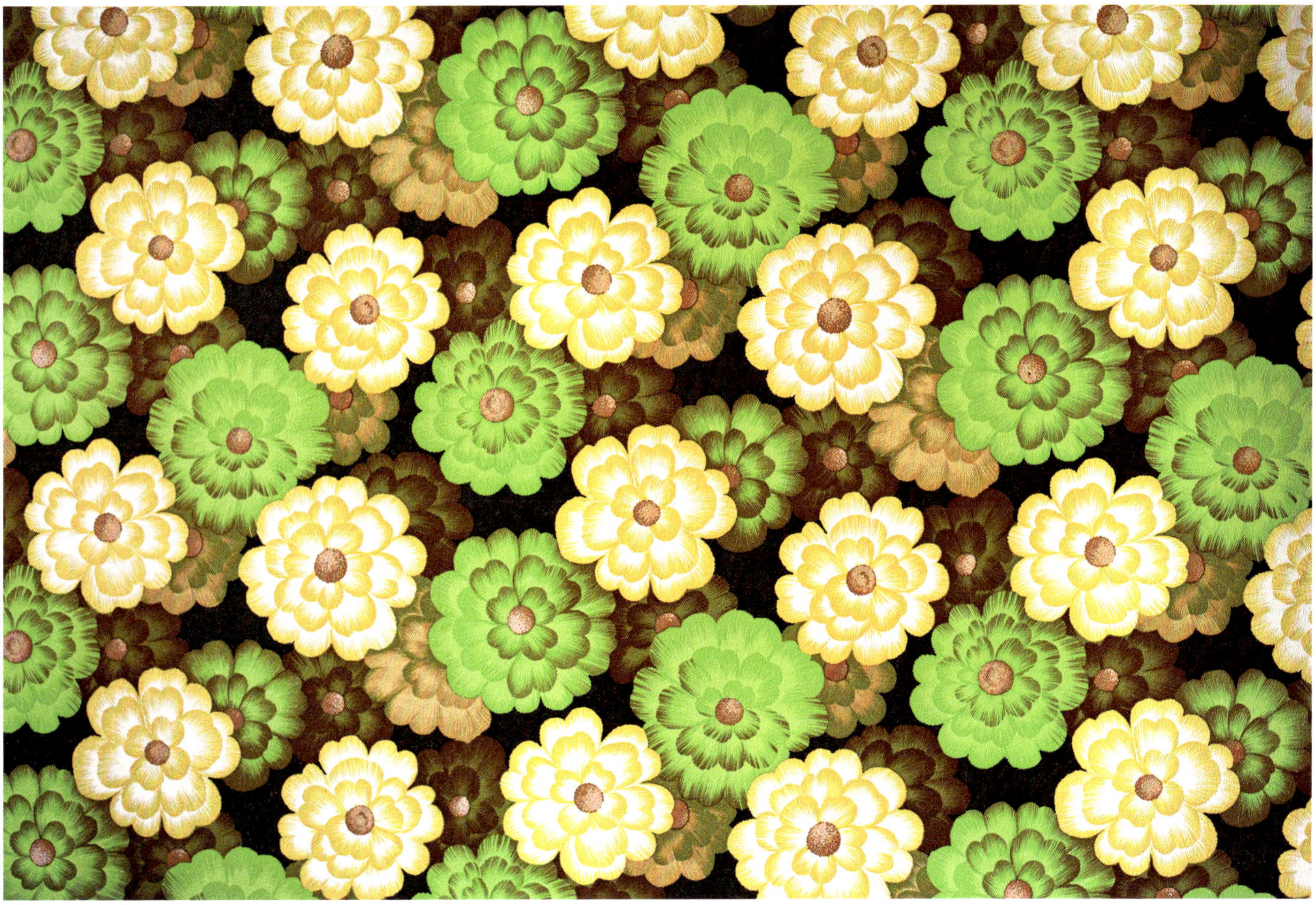

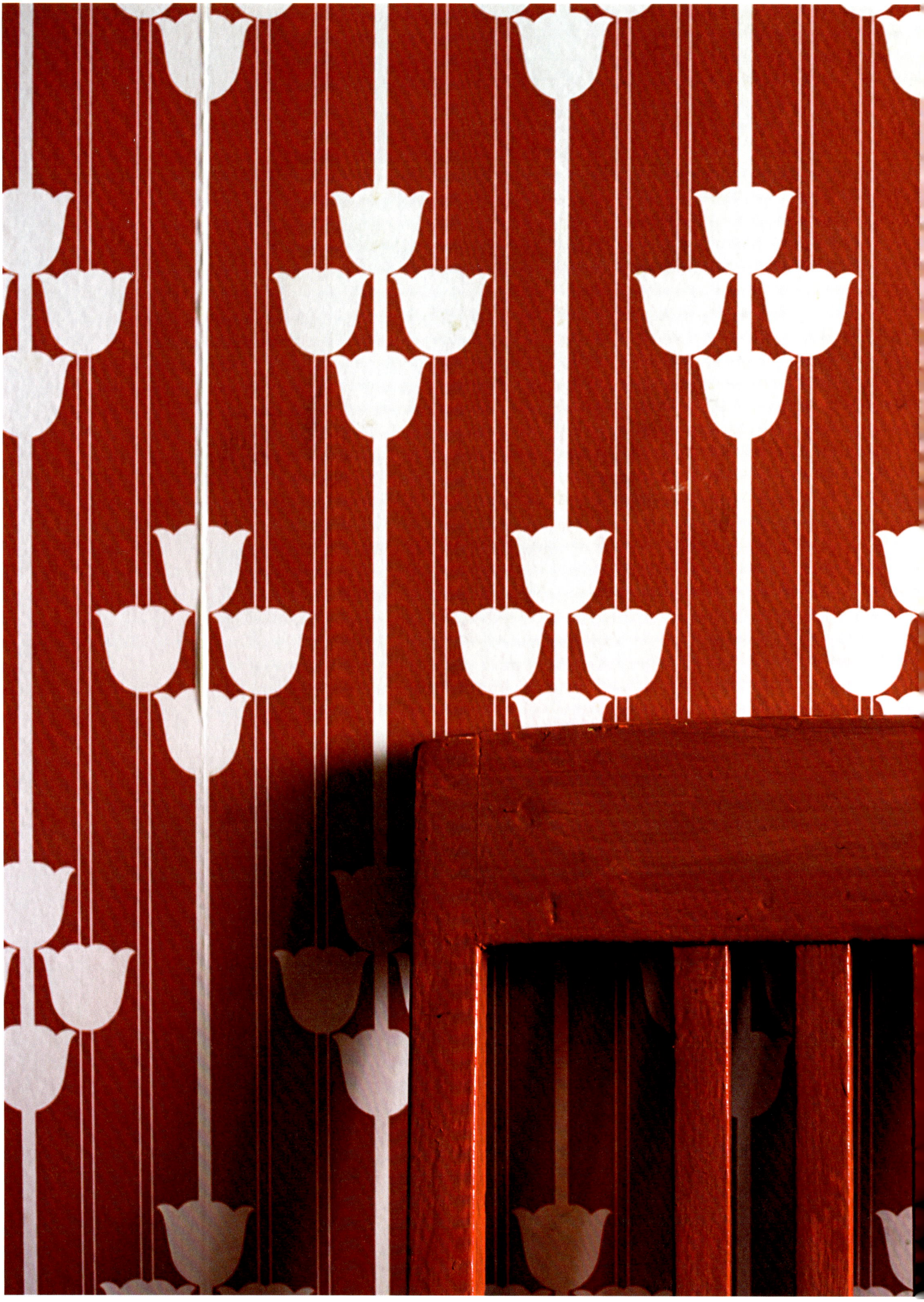

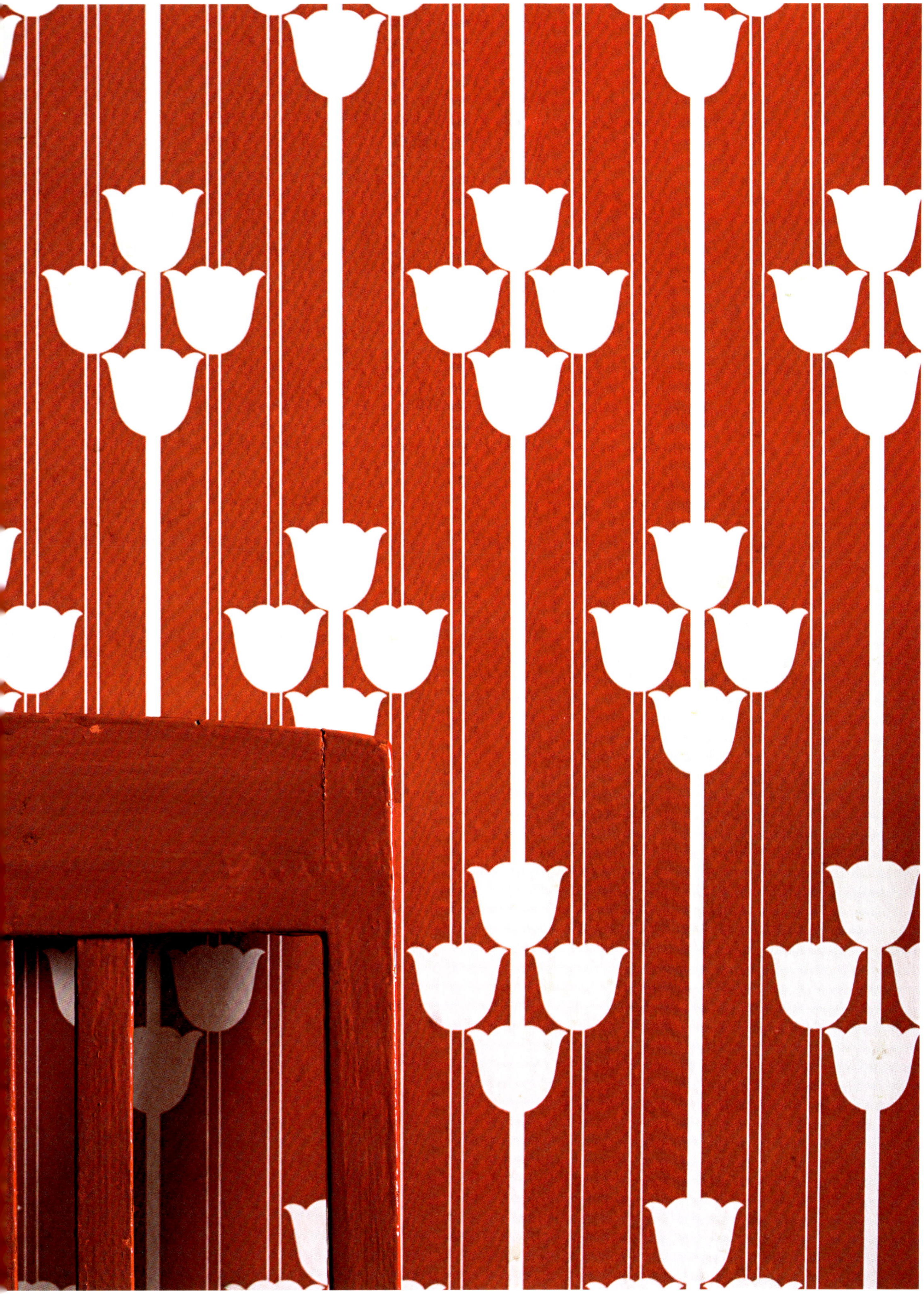

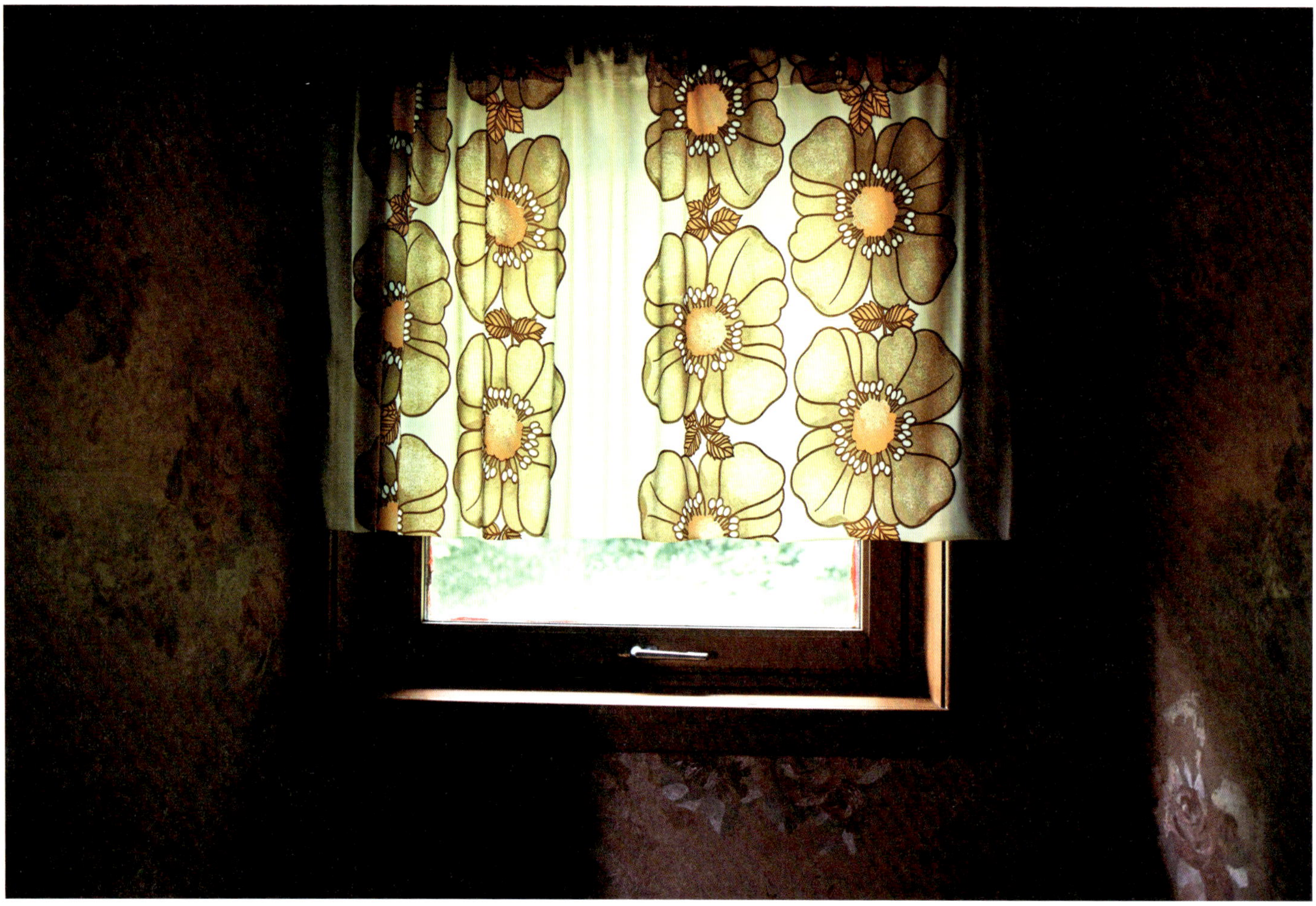

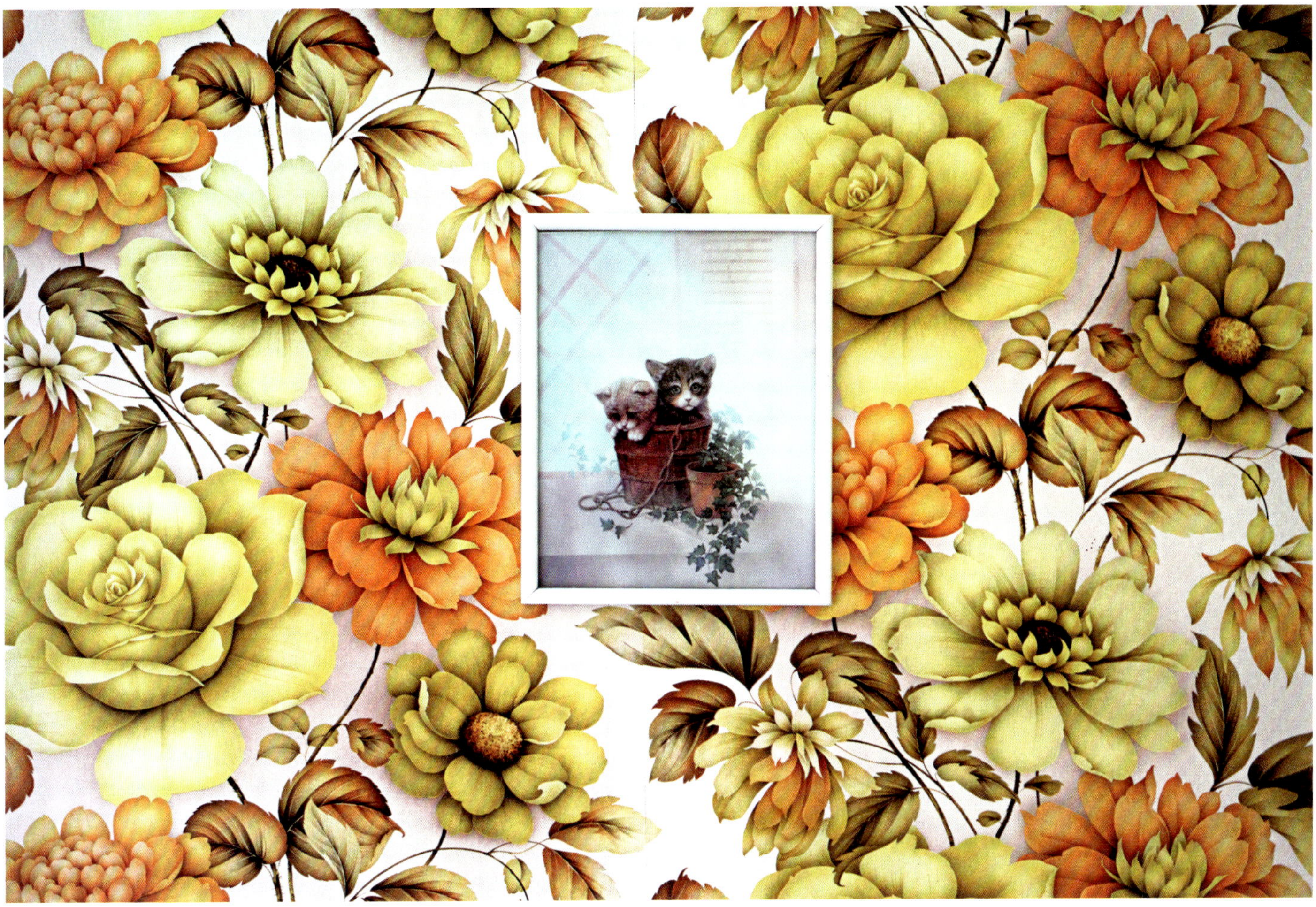

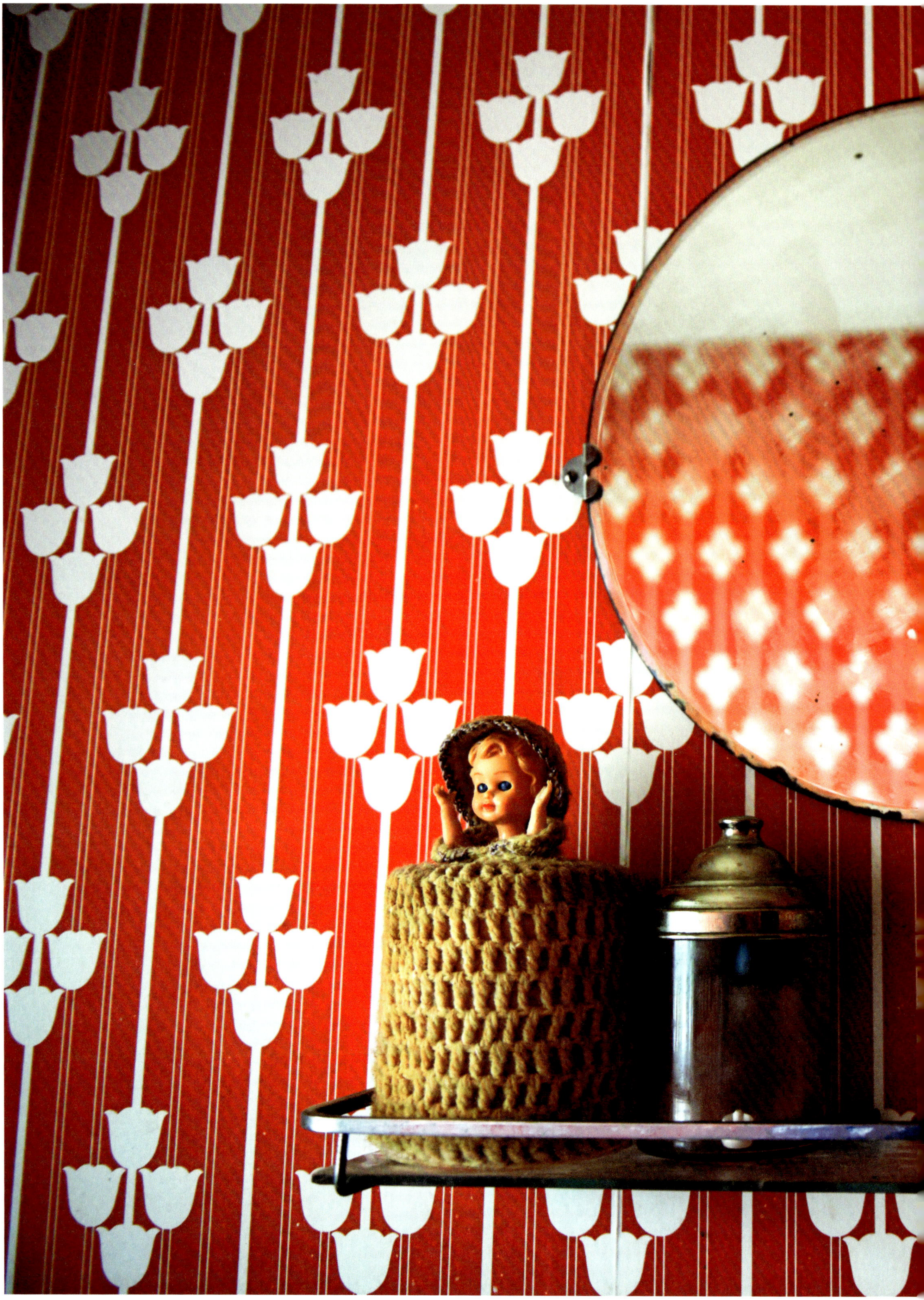

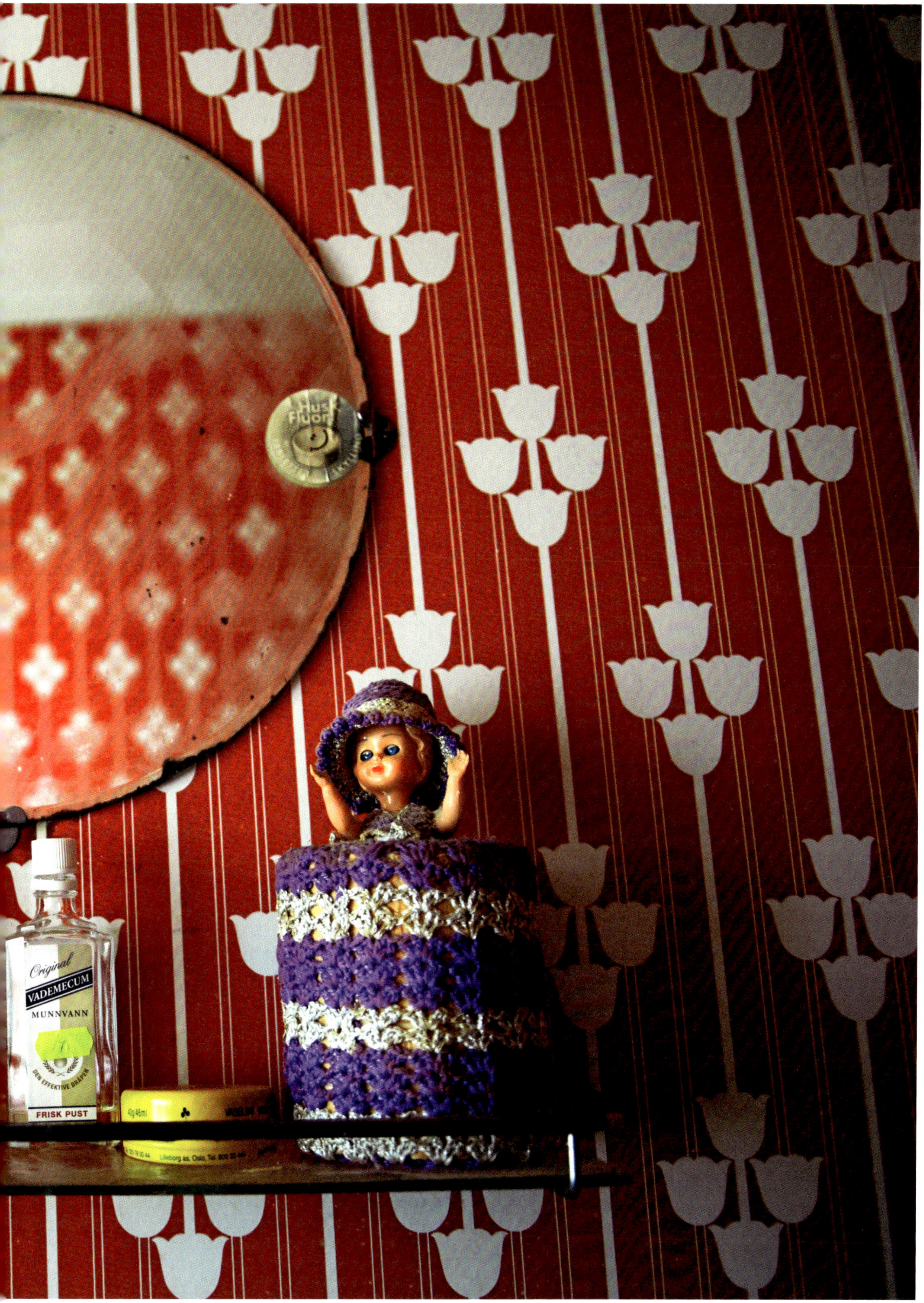
Husk Fluor
Original
VADEMECUM
MUNNVANN
FRISK PUST

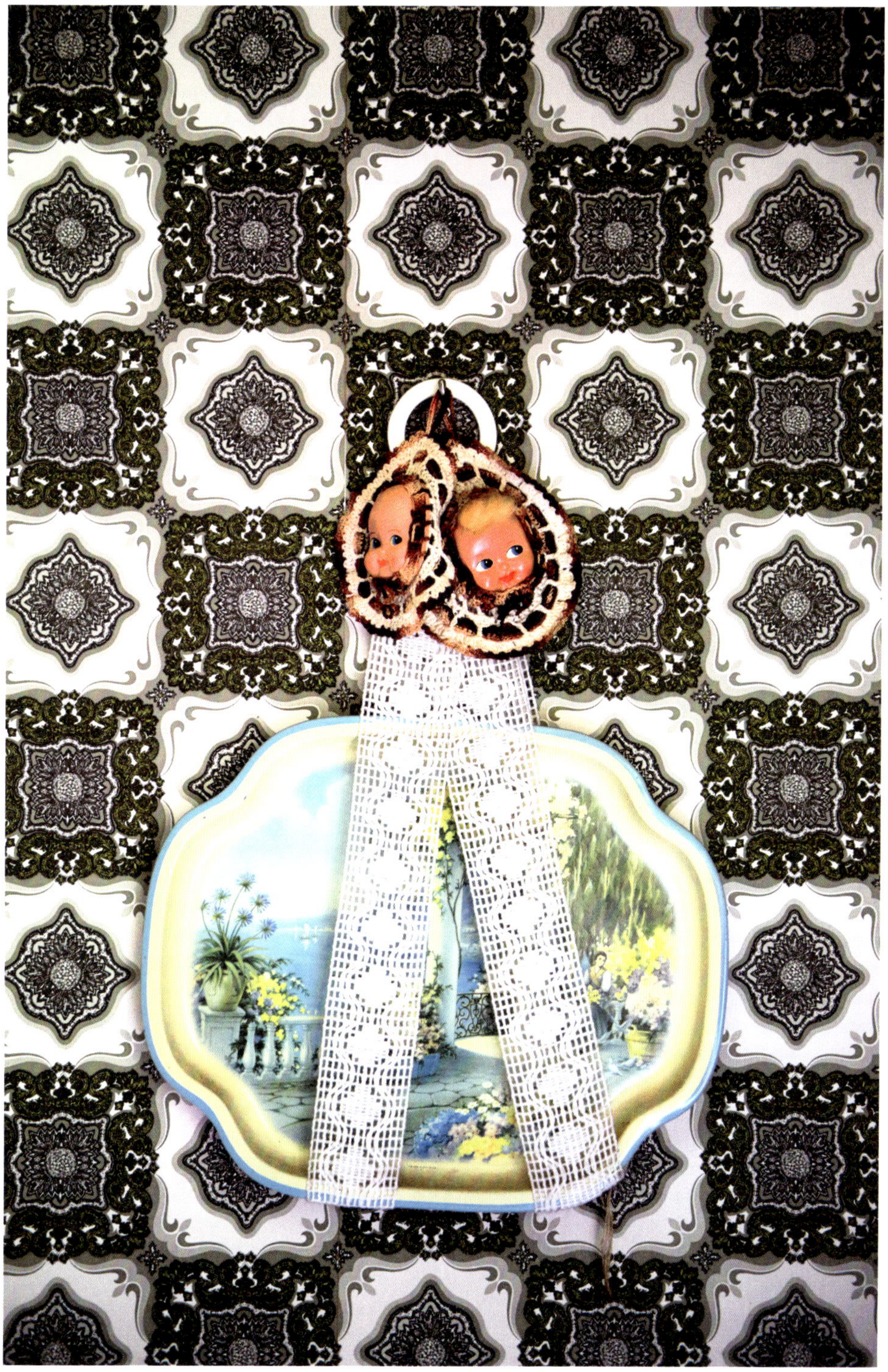

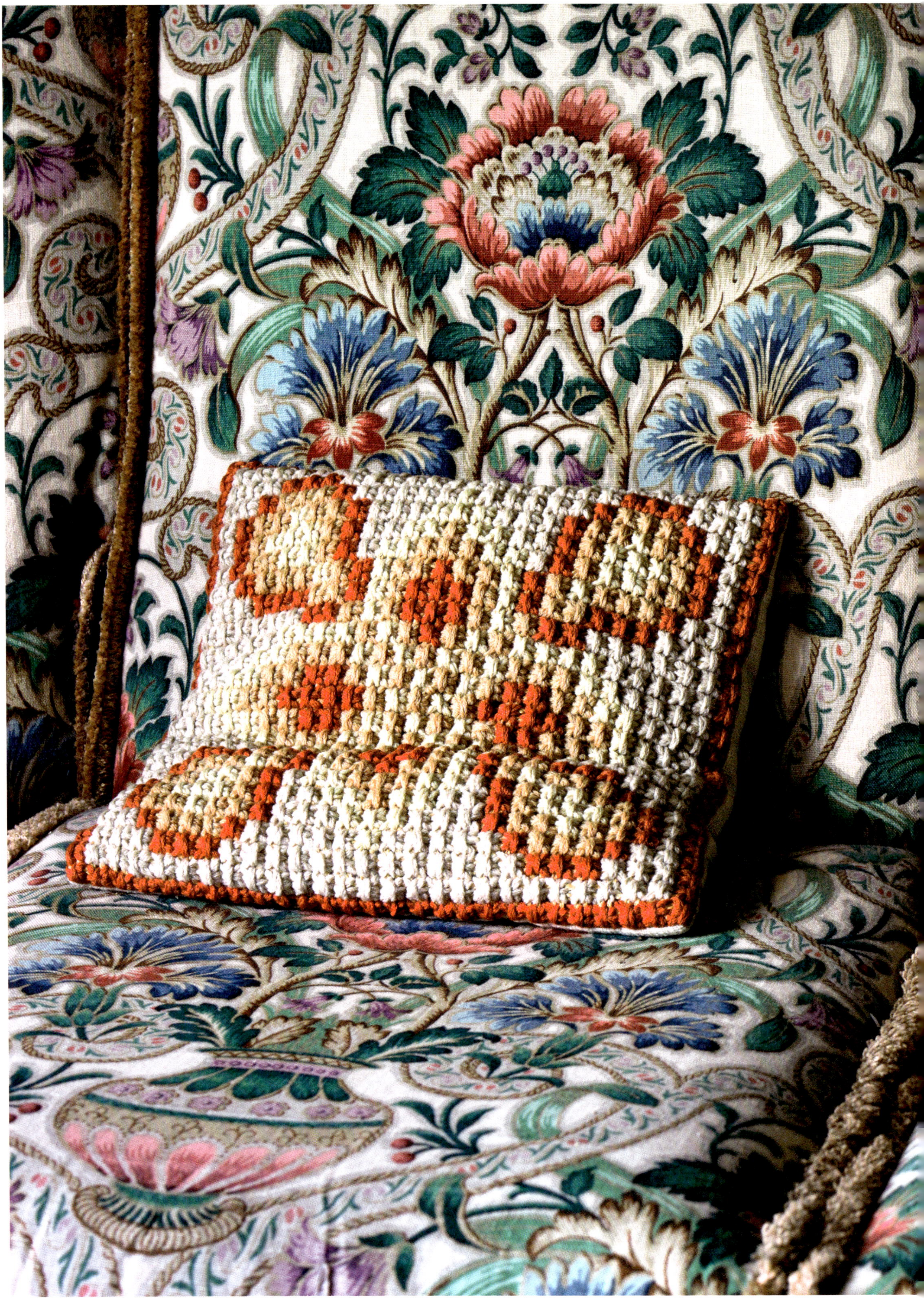

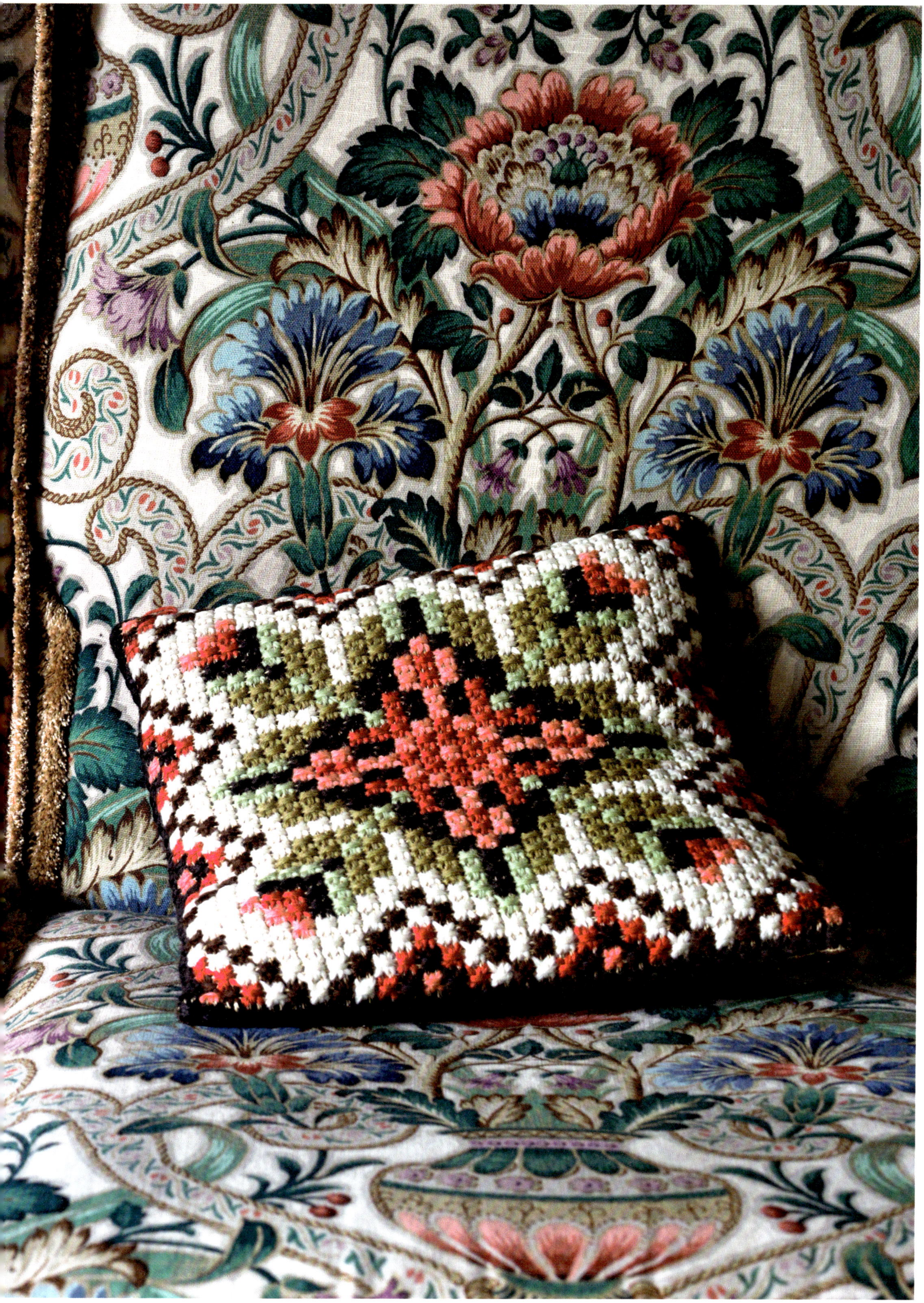

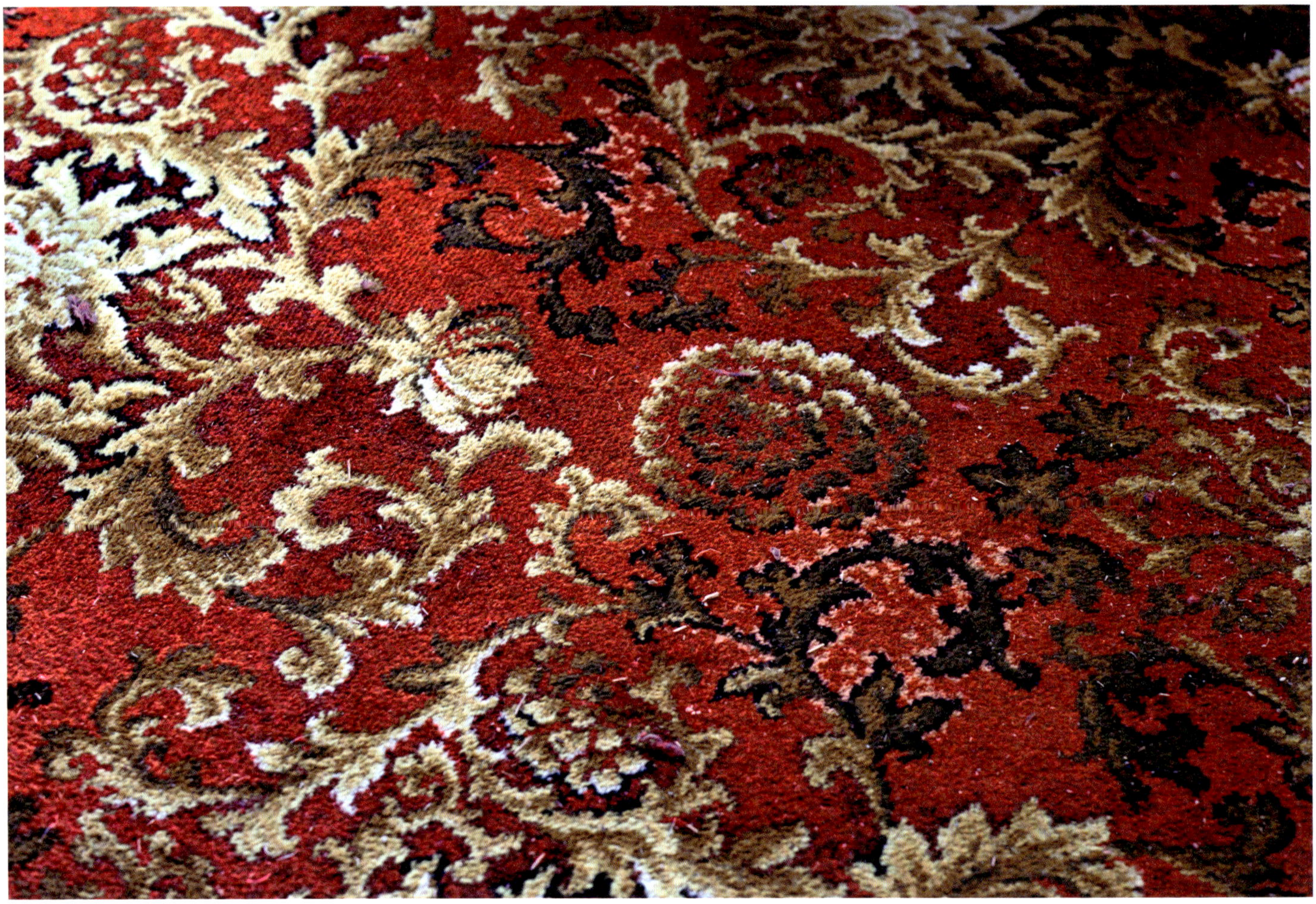

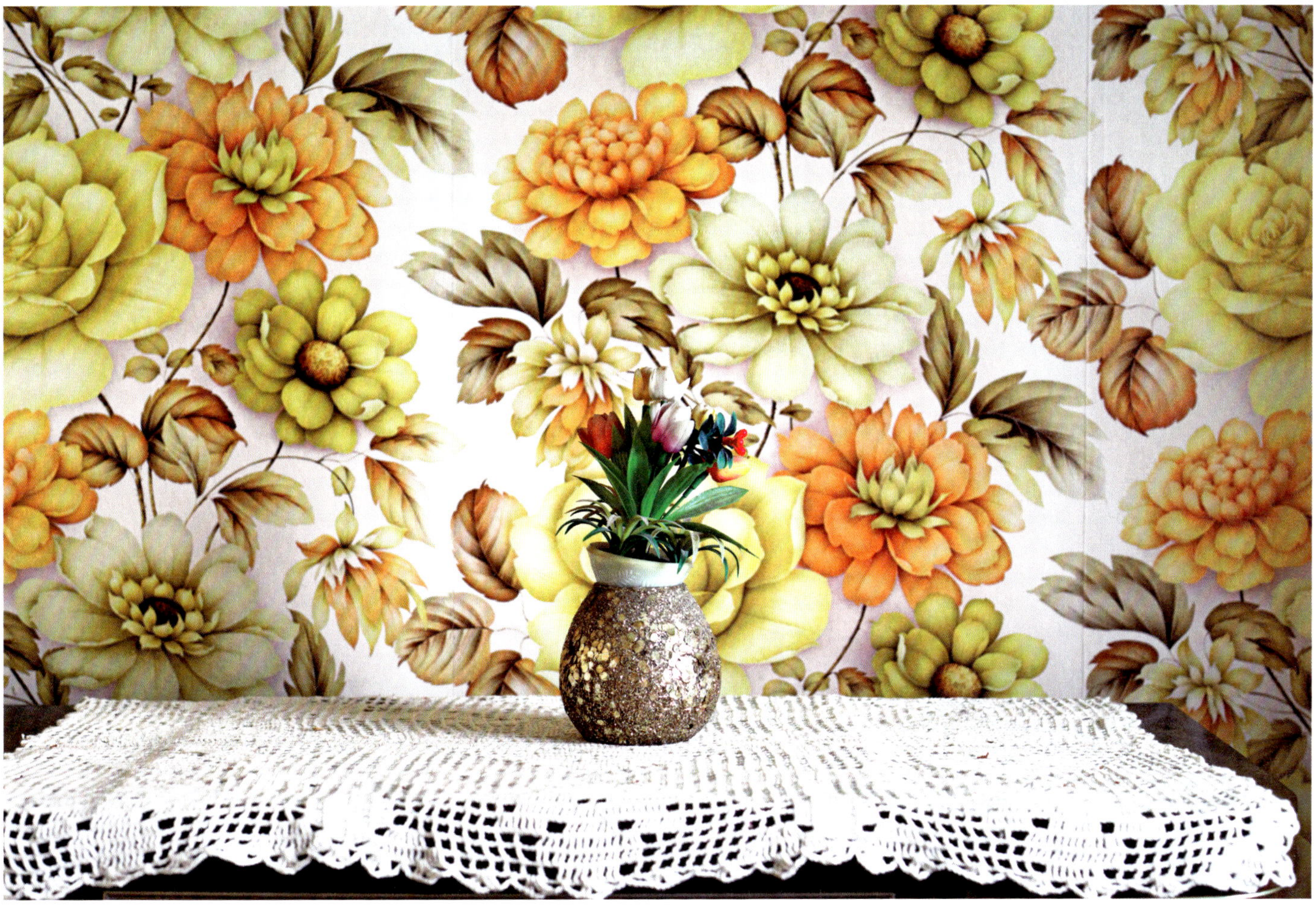

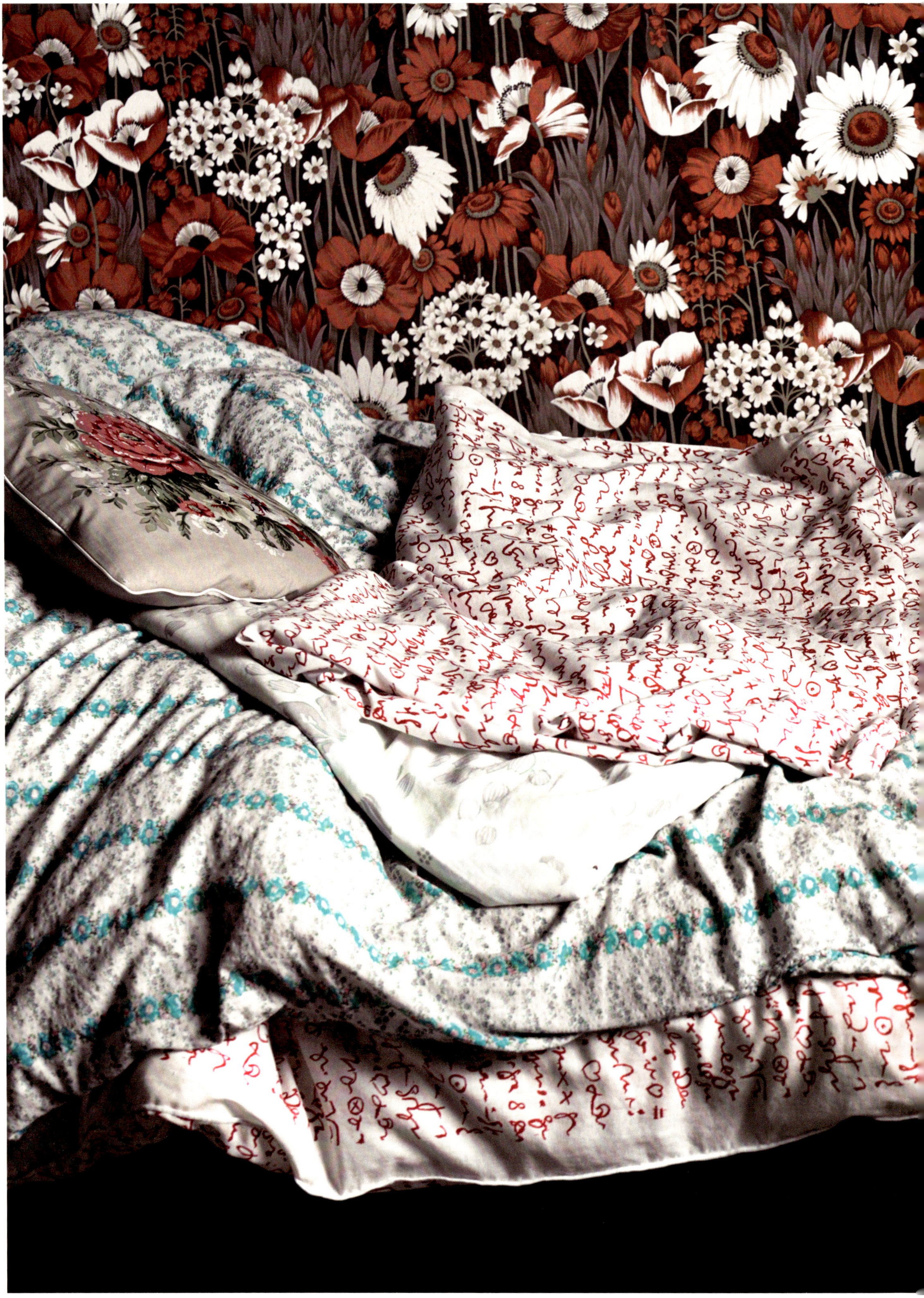

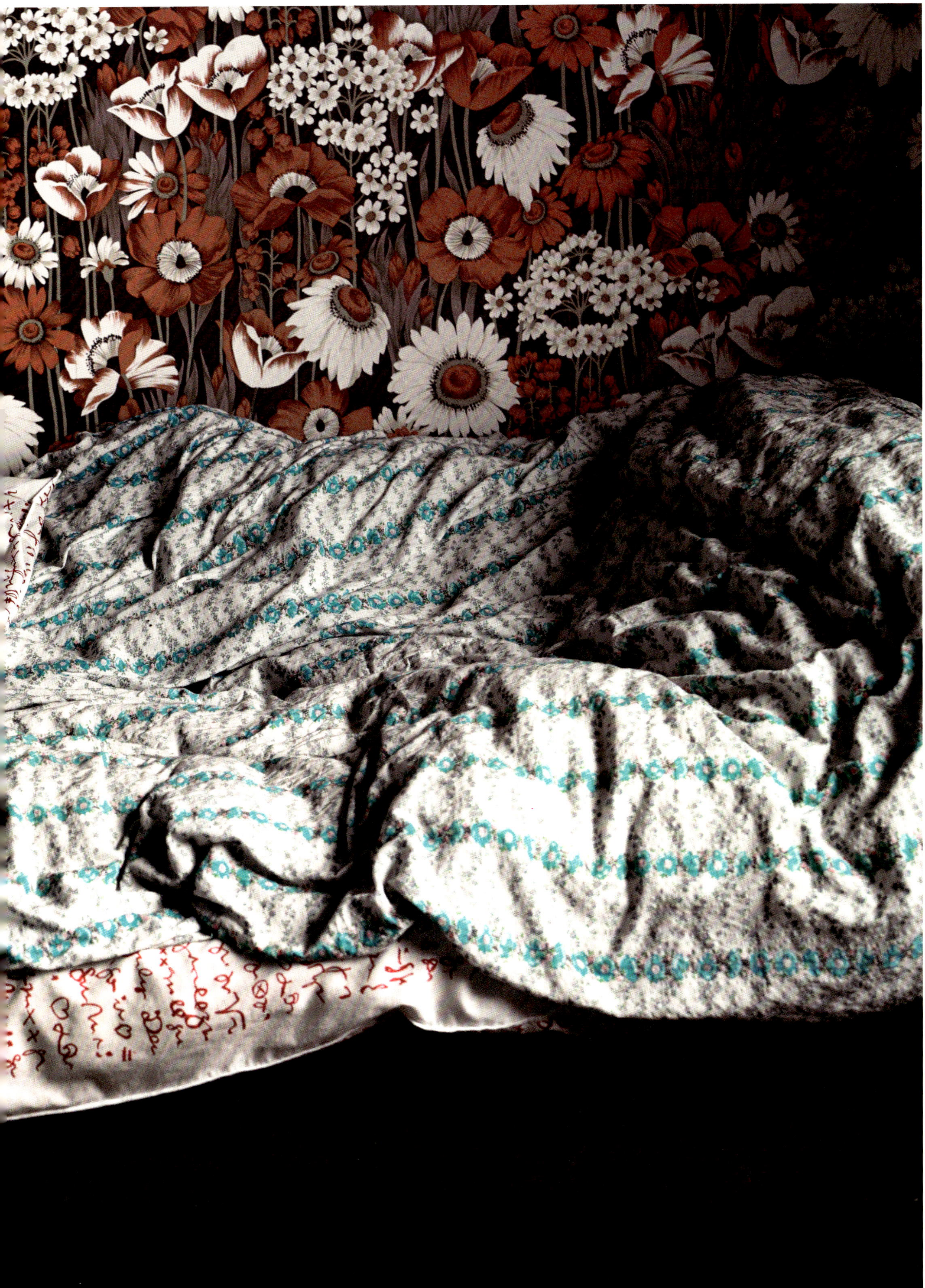

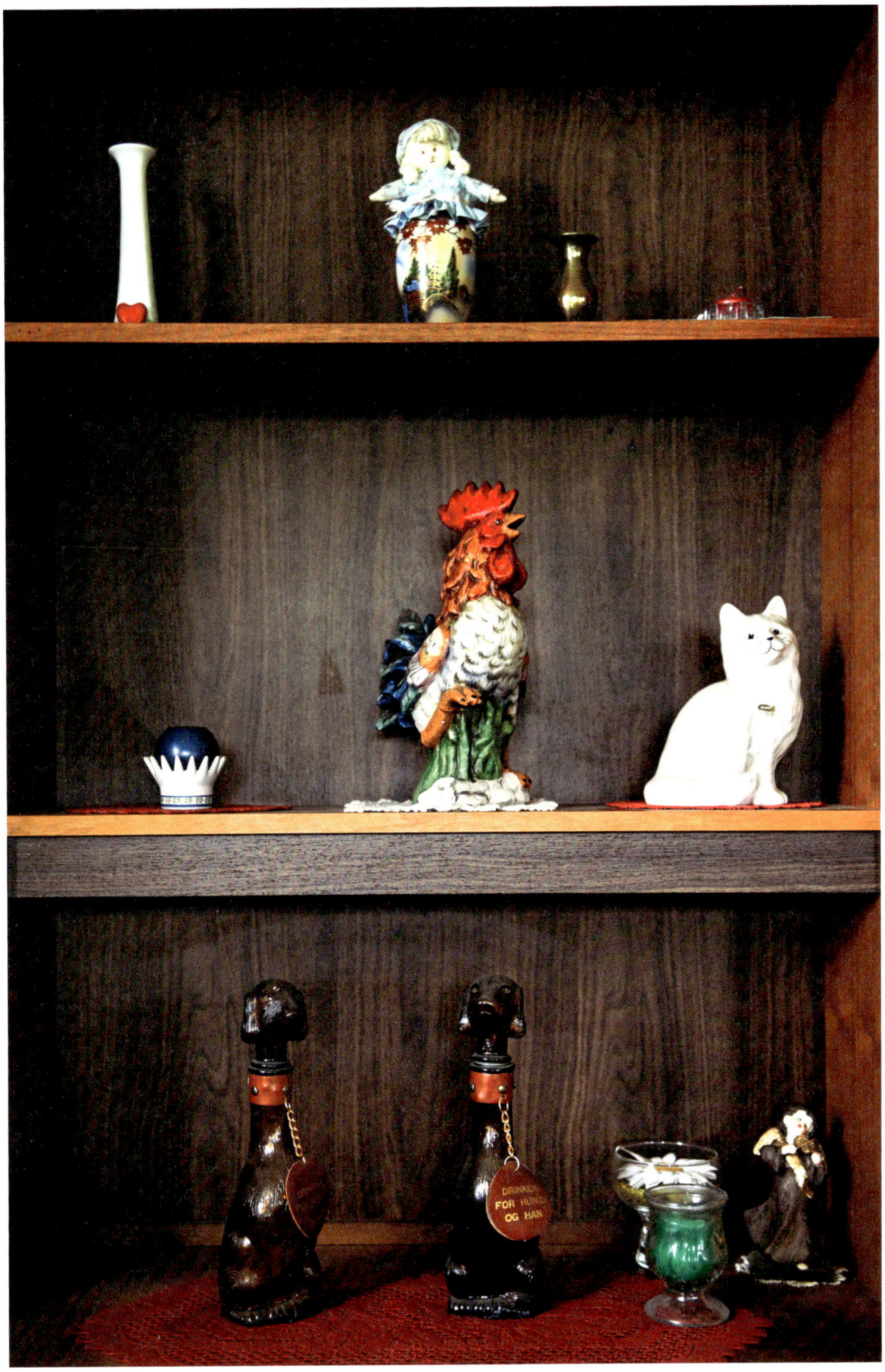
FOR
OG HAN

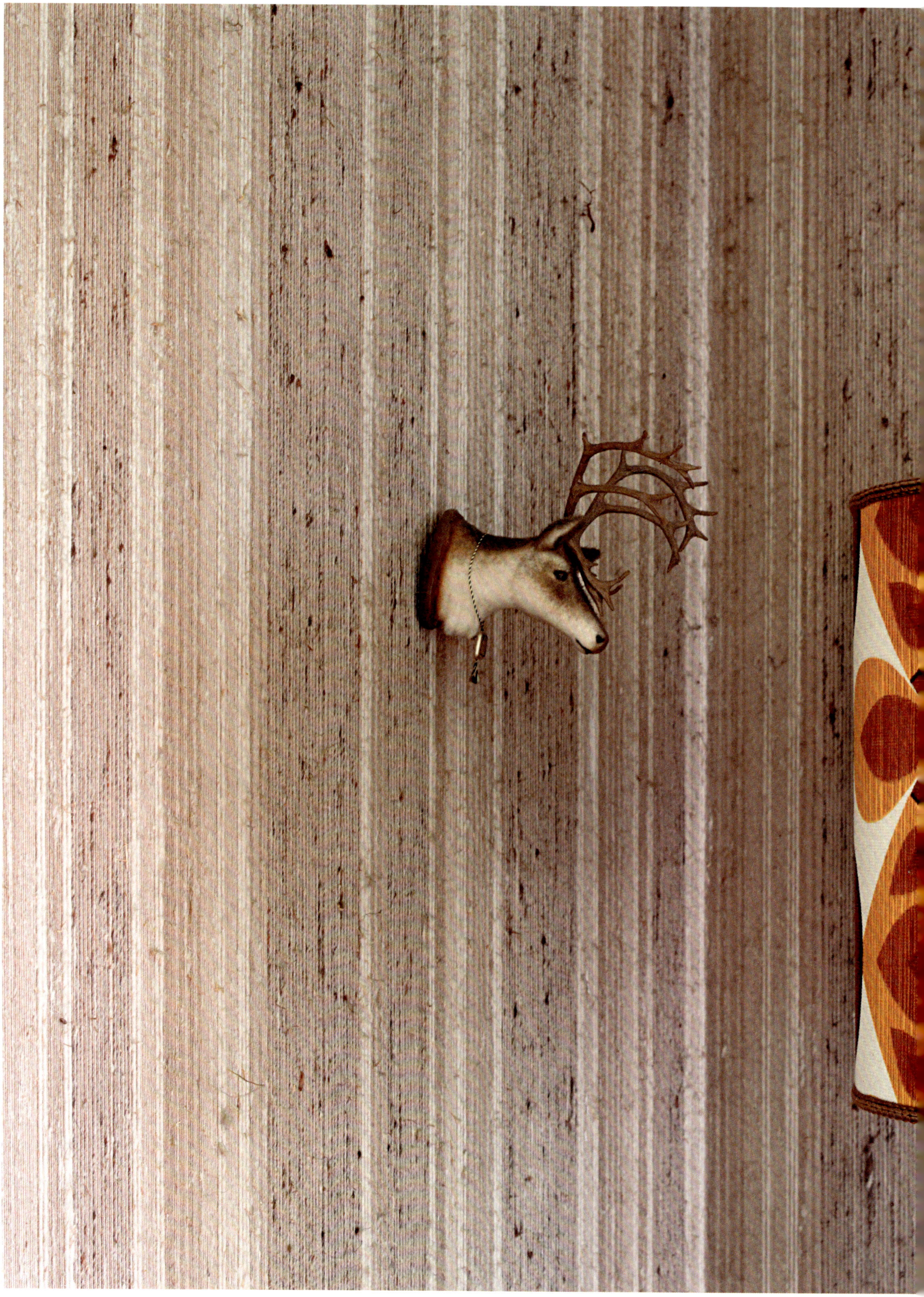

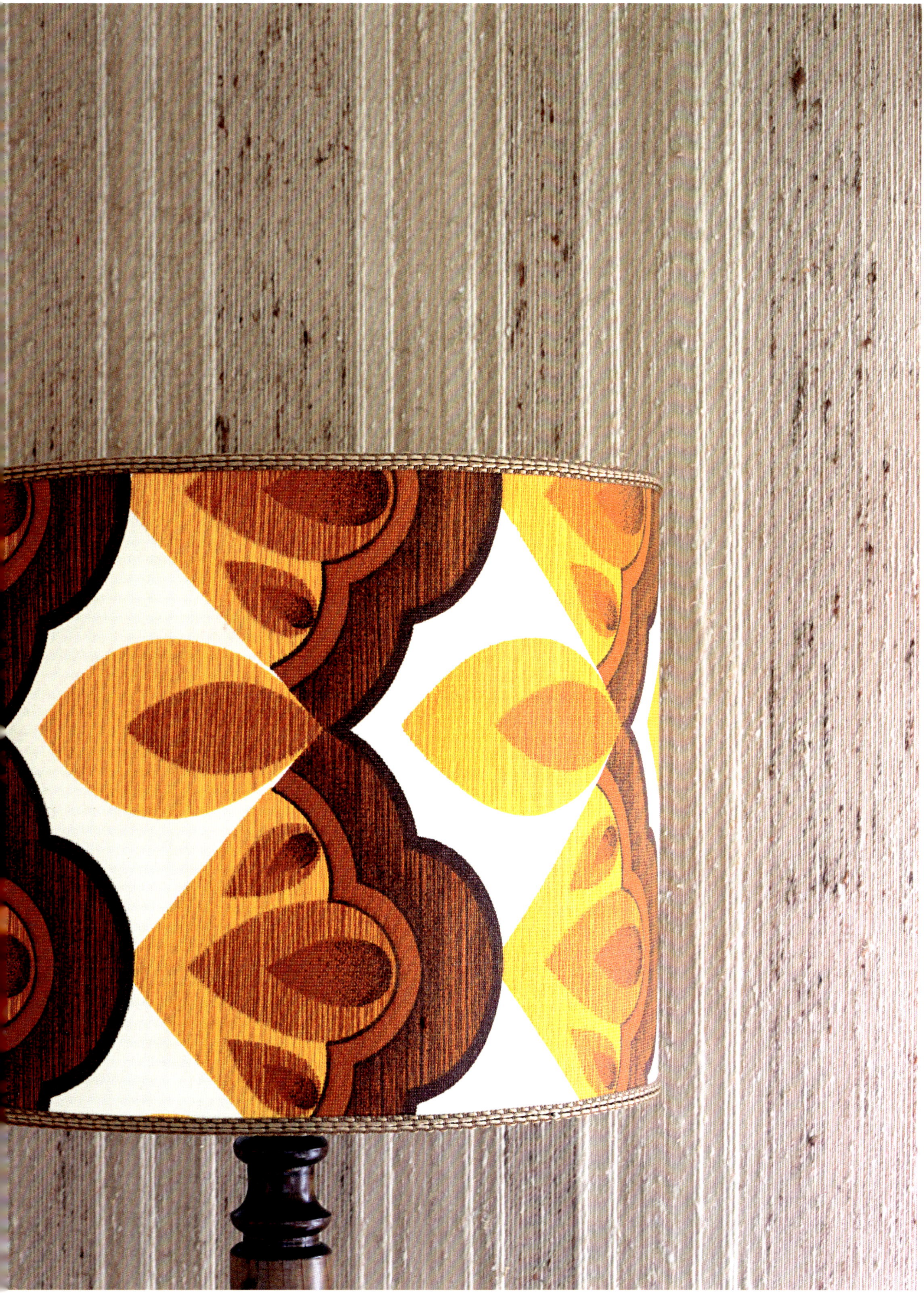

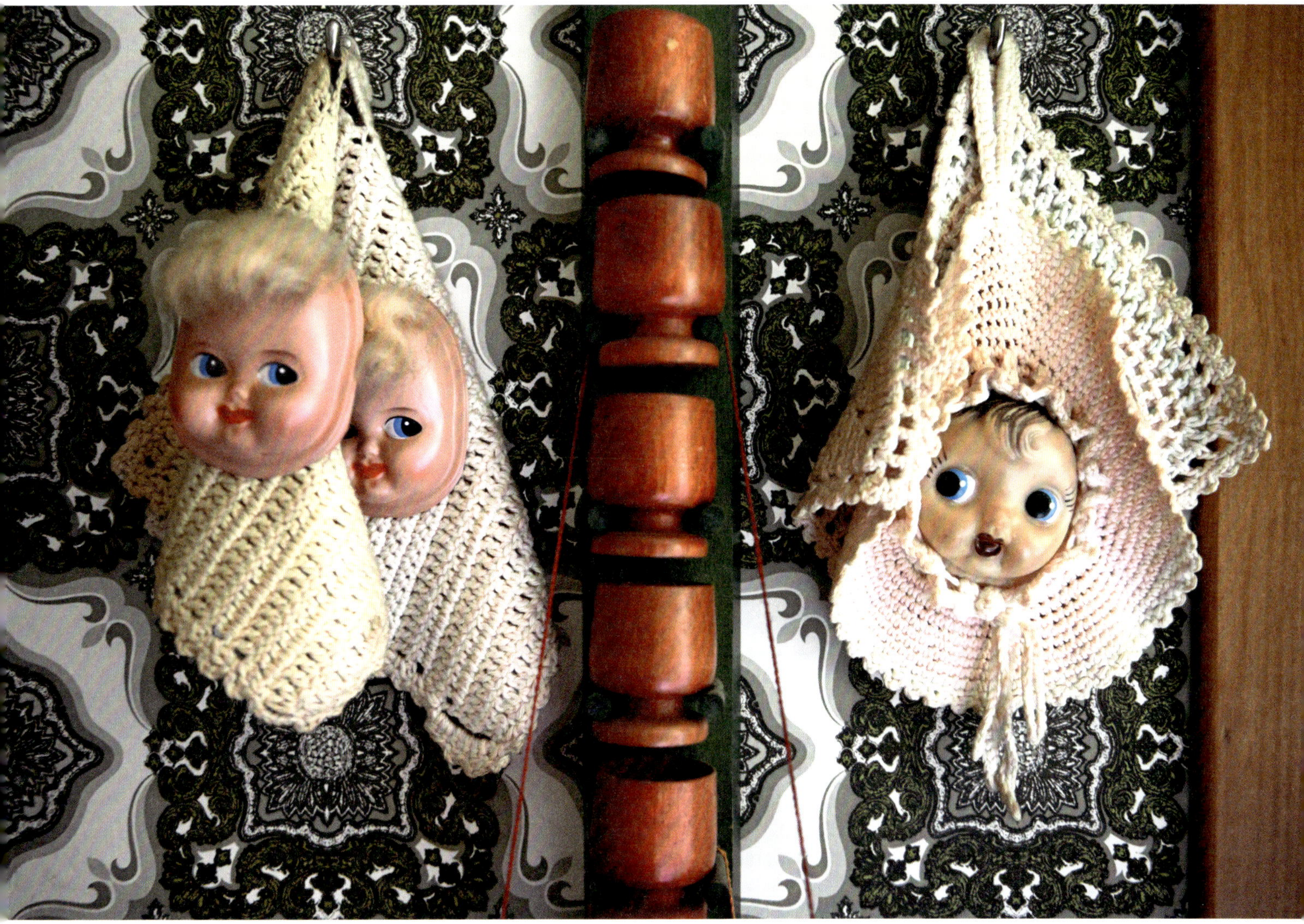

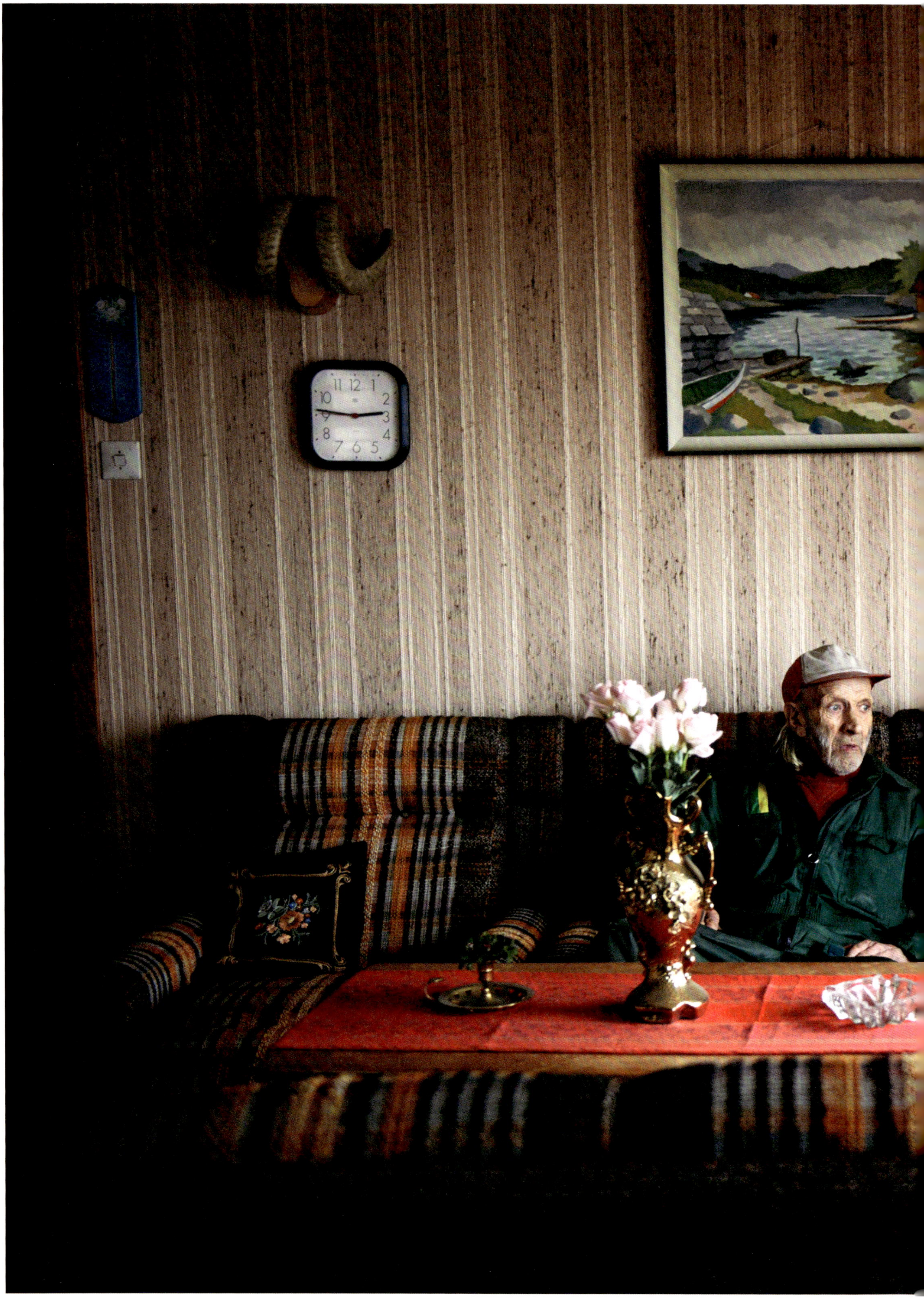

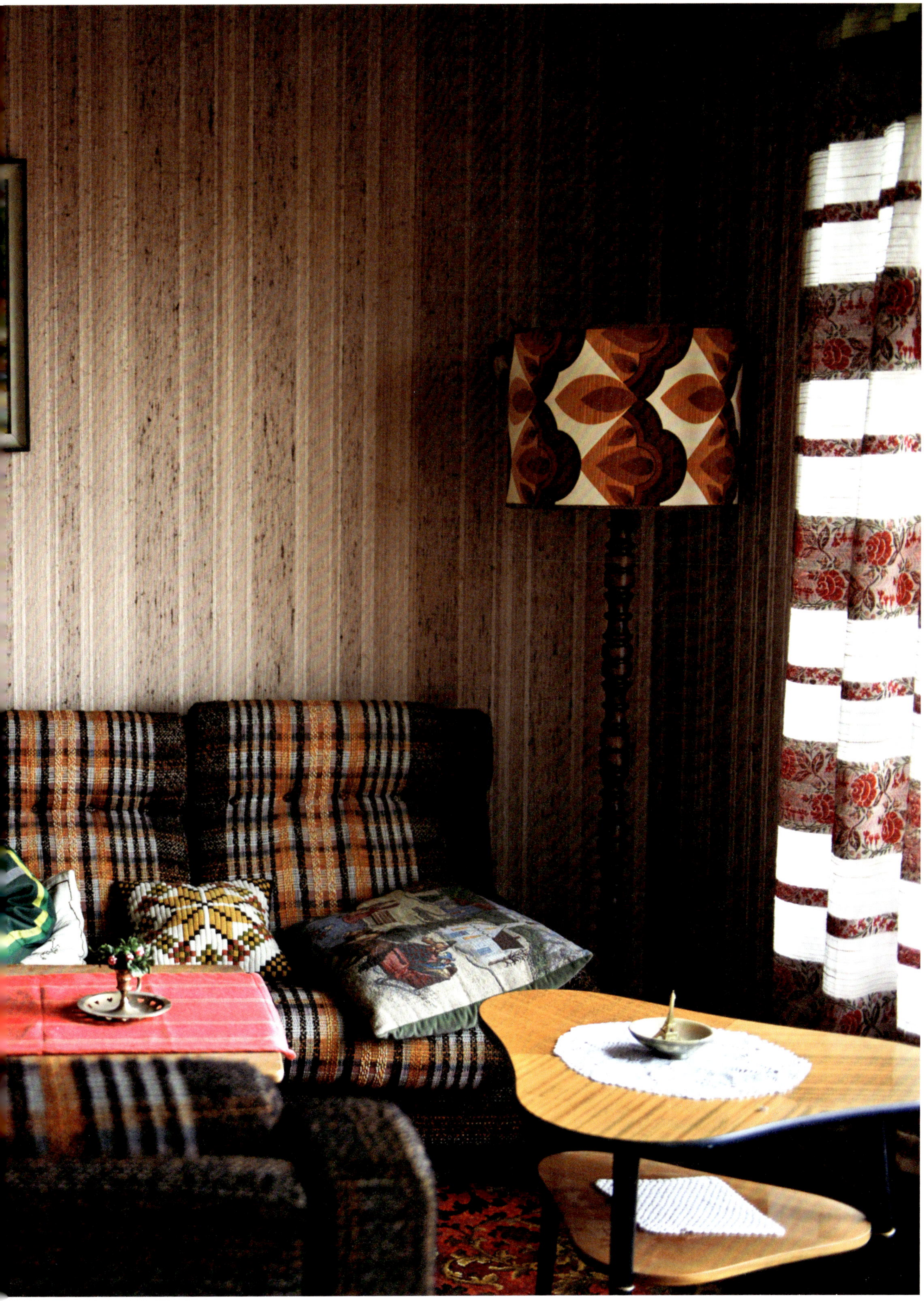

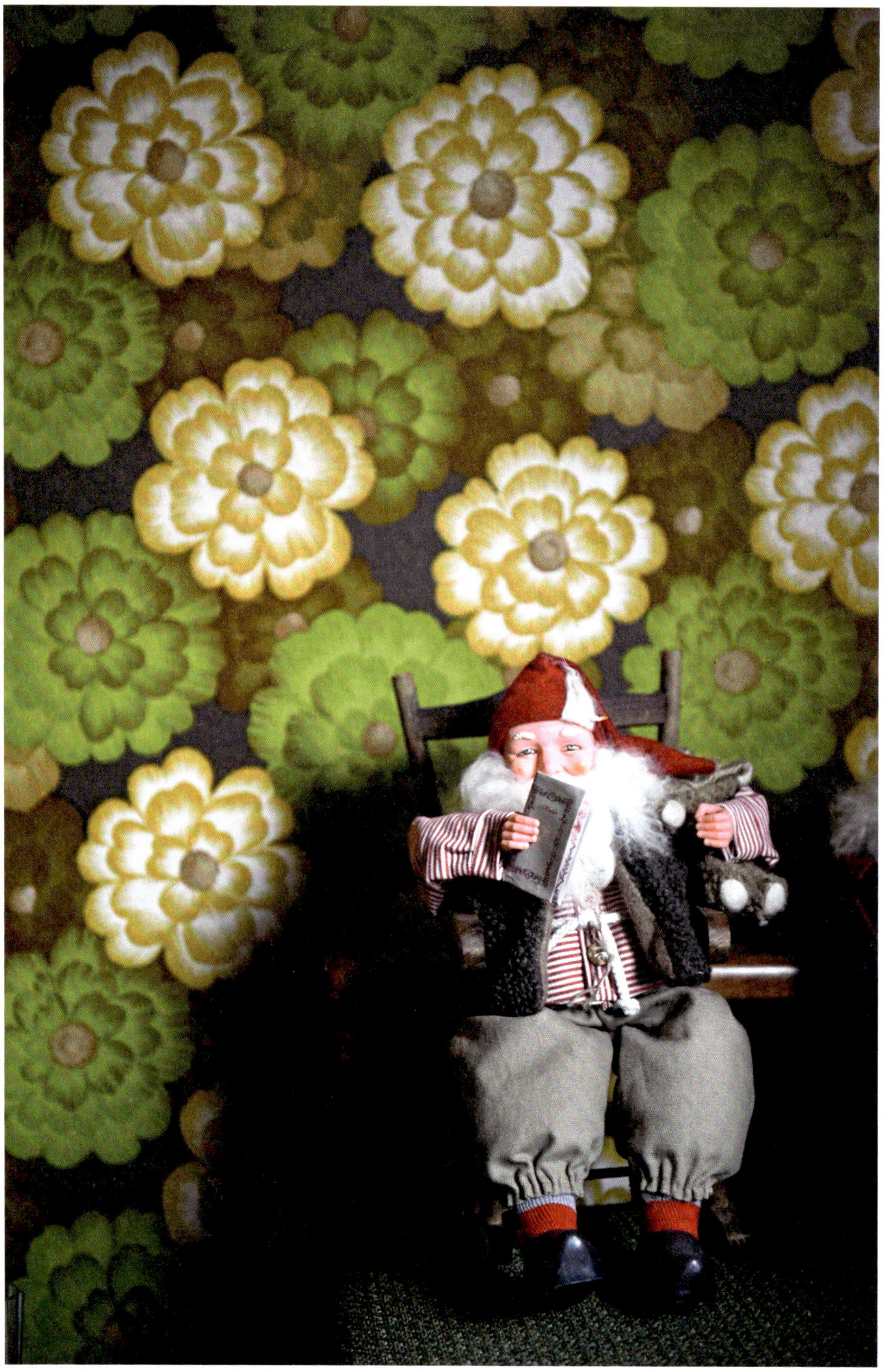

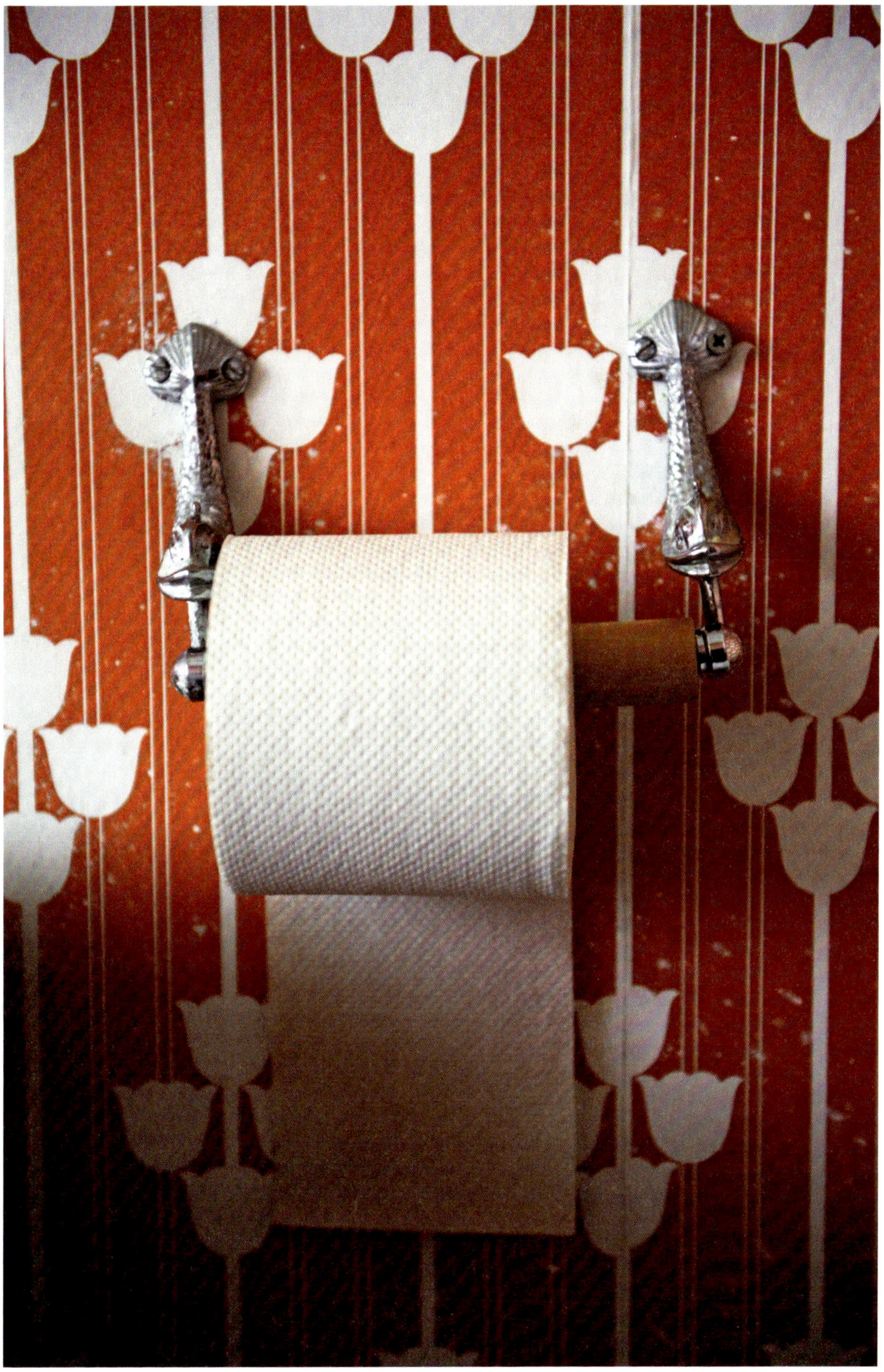

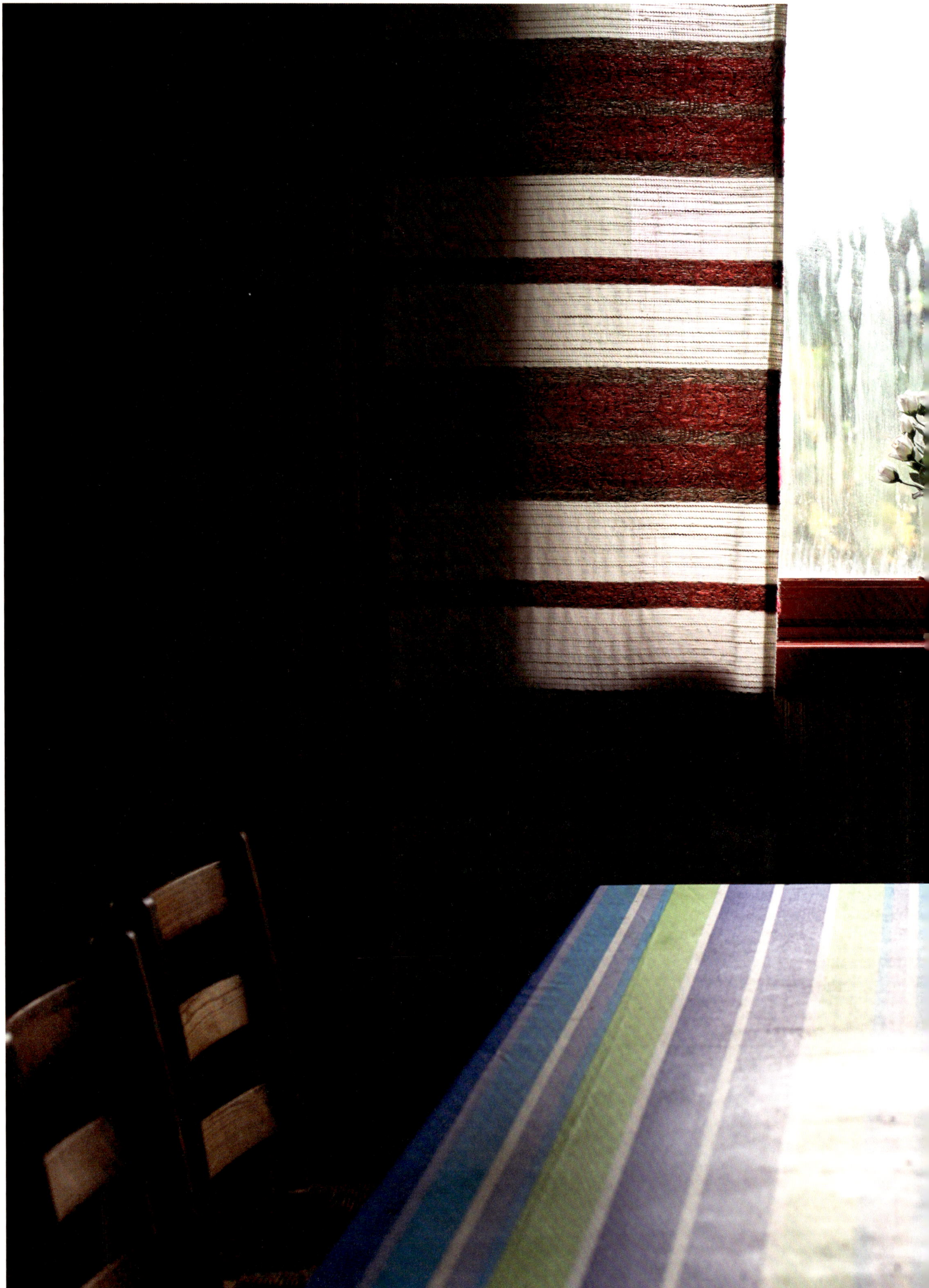

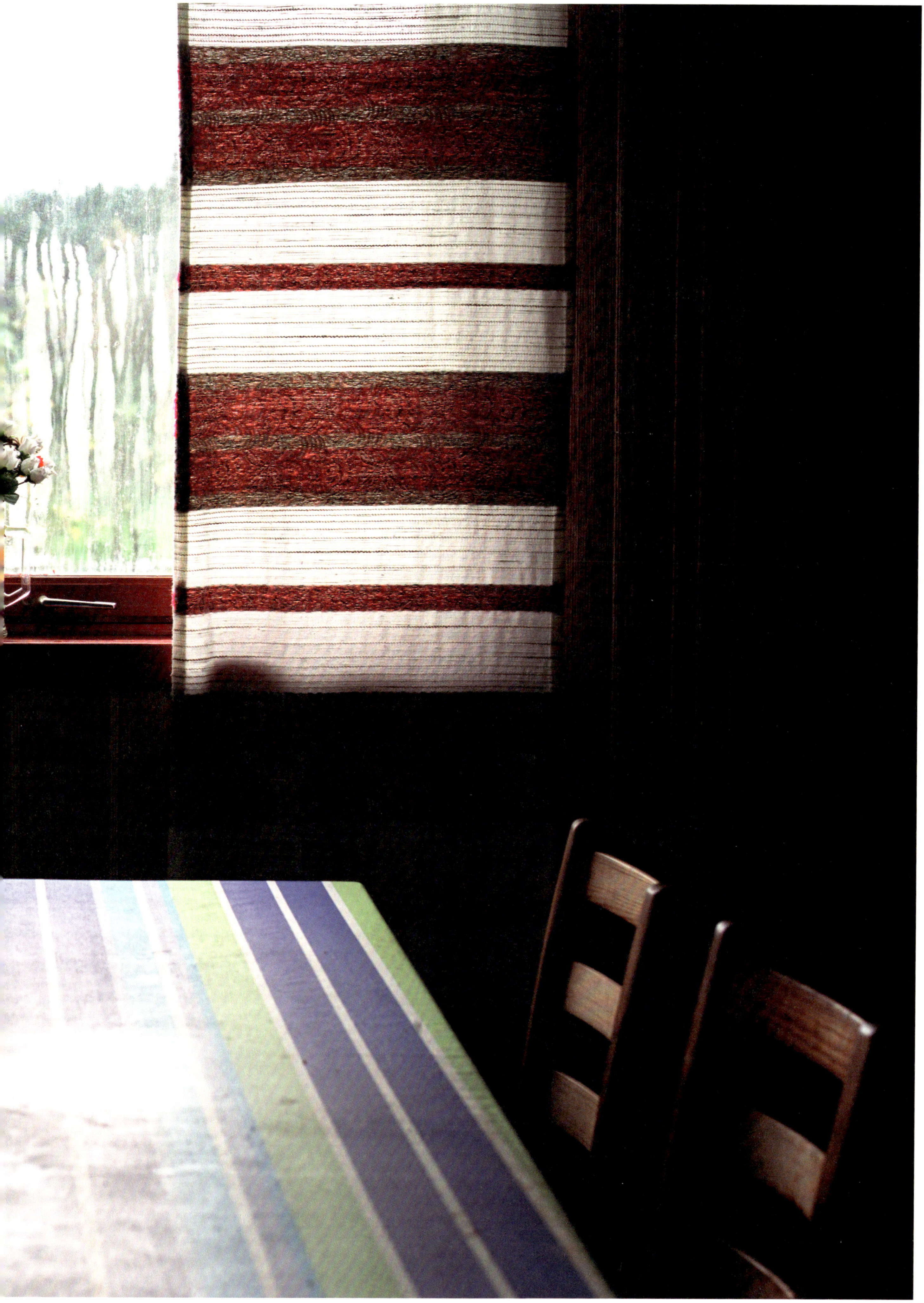

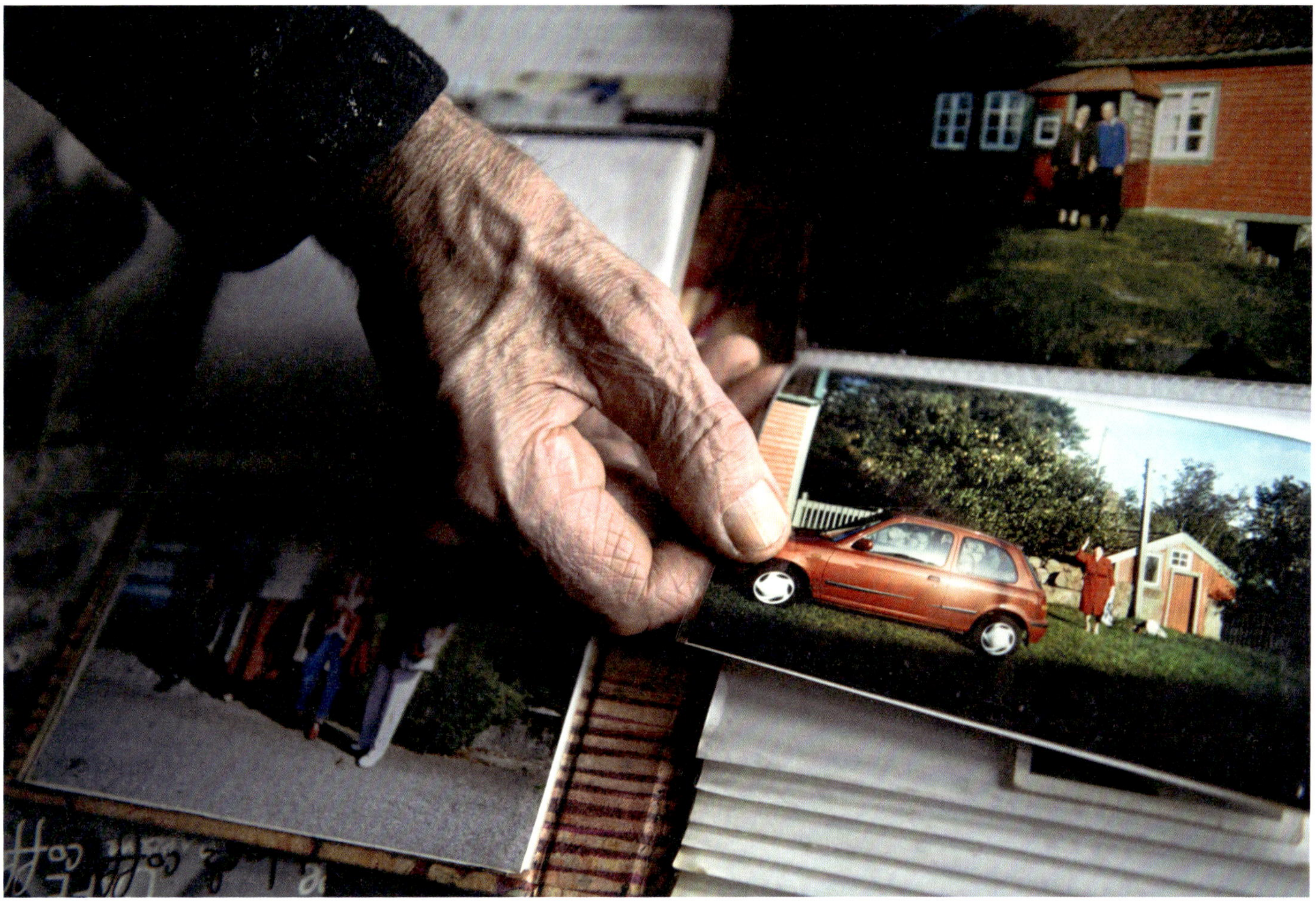

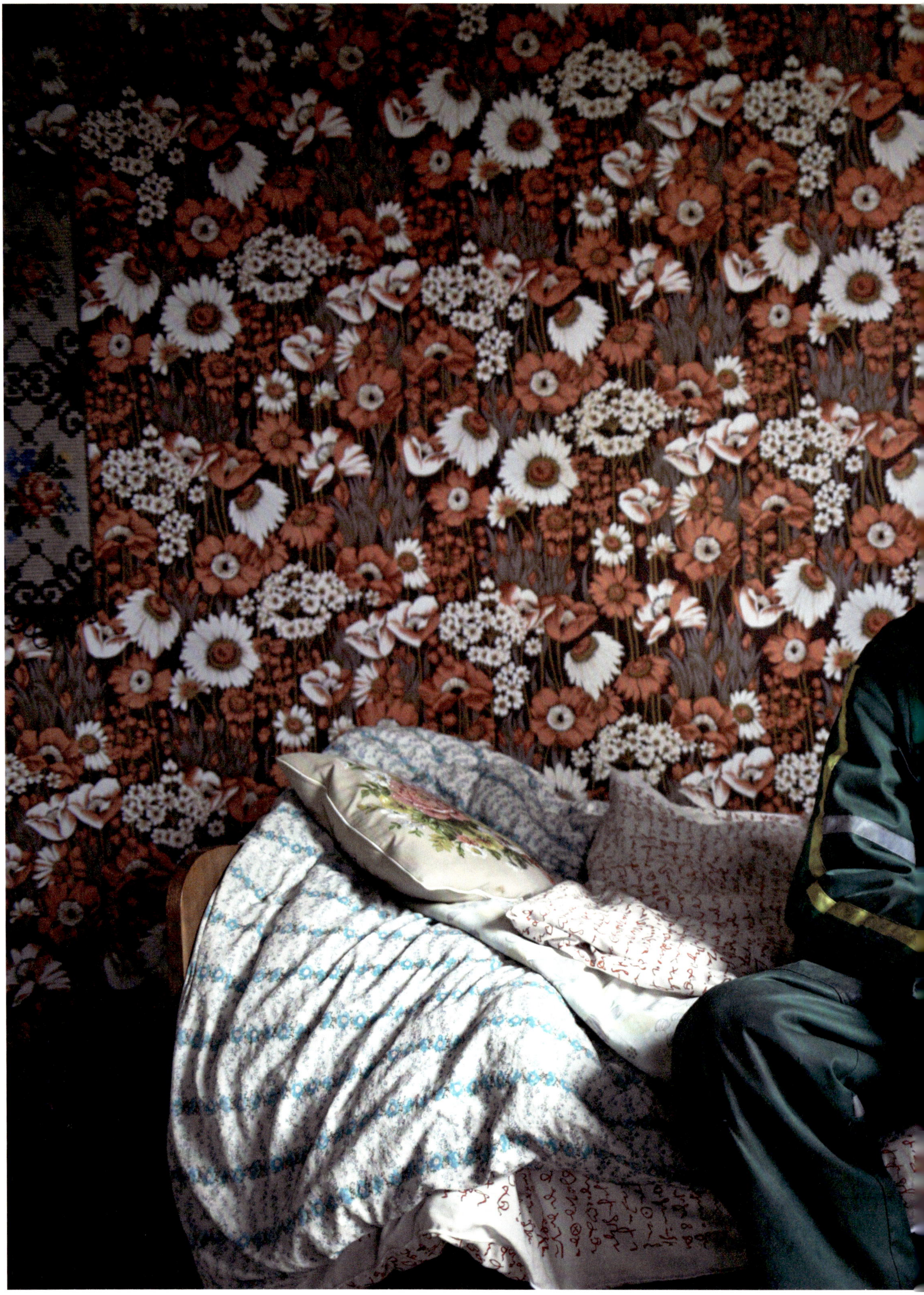

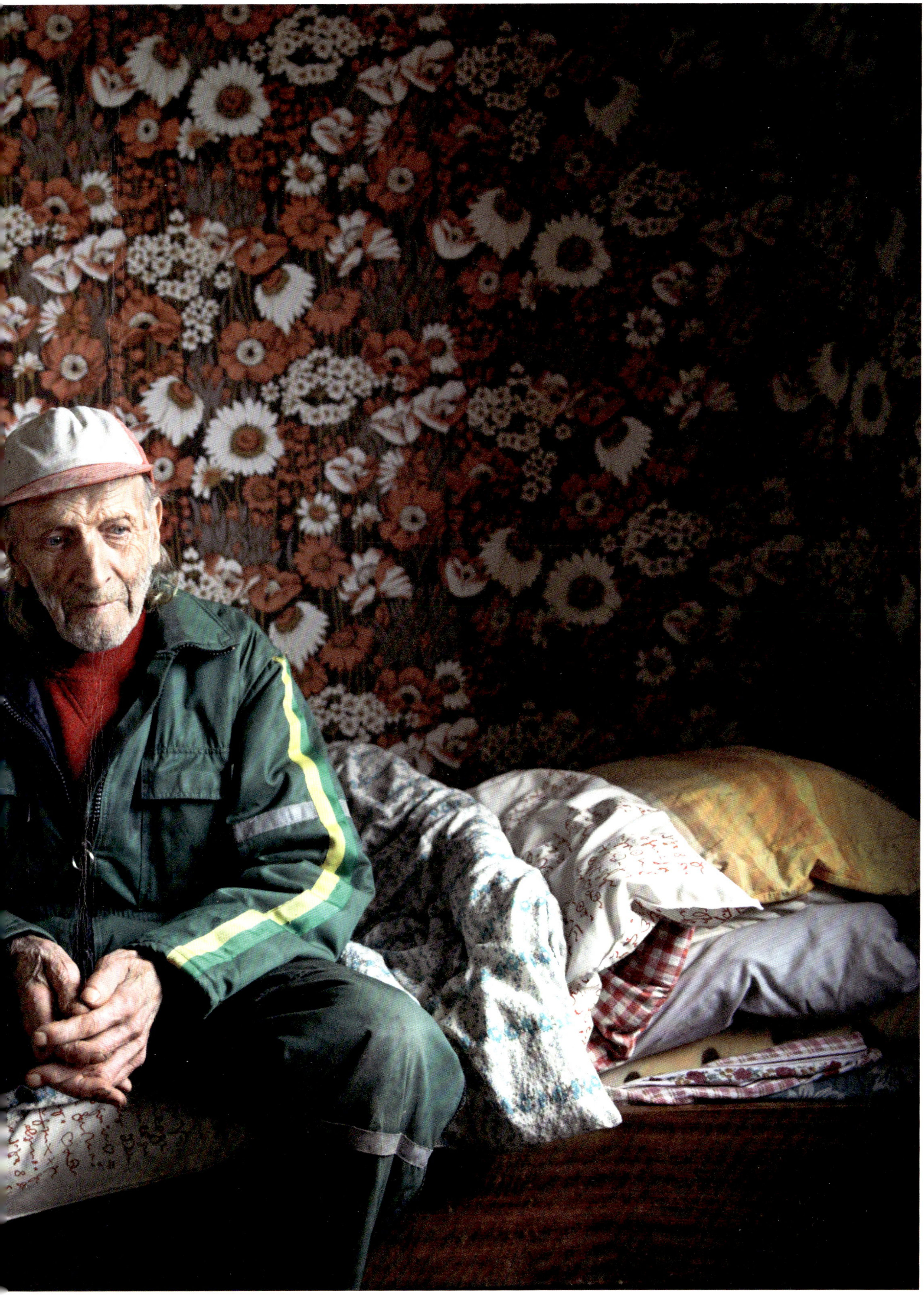

BROR | SØSTER

Han tar med seg nøkkelen til huset hennes før han går i fjøset. Han gir sauene høy og står ved vinduet mens dyrene stirrer på ham. Her sto han som barn, sammen med sin far. Her har han stått alle morgener og kvelder siden. Her sto han en morgen i september etter at søsteren fortalte hun ville flytte. Han slokker lyset og kjenner etter om nøkkelen fremdeles er i lomma. En kveld mistet han den ute på tunet. Han hørte nøkkelen klirre i grusen, men det var bekmørkt, og han fant den ikke før i grålysningen neste dag. Det var to uker etter at hun var død. Siden har han aldri mistet den.

I mange år bodde de sammen. Hun stelte i huset mens han var i fjøset. Hun laget maten mens han arbeidet med jorda. Han syntes det var et godt liv. De var nesten som et ektepar. Men en kveld merket han at noe var skjedd med henne. Hun var stille. Hun så på ham, og så fortalte hun om huset. De satt sammen på kjøkkenet, og det var kommet en ny glød i øynene hennes. Han hadde ikke sett henne slik siden hun var barn. Hun hadde sett seg ut en tomt like bak haugen, fortalte hun, der det bare var stein og villnis, der det aldri før hadde ligget noe hus. «Skal du bygge hus?» sa han vantro. «Jeg tenkte mor kunne komme og bo hos meg,» svarte hun. «Mor?» utbrøt han. «Hun bor jo på heimen.» «Hun er gammel,» svarte hun rolig. «Hun trenger noen hos seg.» Han stirret på henne. Hun så i bordet. På hendene sine. Han ristet på hodet. «Og jeg da?» sa han. Da reiste hun seg og begynte å rydde av bordet med raske, uvørne bevegelser, og siden snakket de ikke om huset. Selv ikke da sprengningen og gravearbeidene begynte. Selv ikke da reisverket kom opp, og vinduene ble satt inn. Selv ikke da huset sto ferdig med alle de tomme rommene, snakket de om det. På det tidspunktet var moren død, men likevel flyttet søsteren inn i det nye huset. Han hjalp henne med eiendelene hennes. Alt det som liksom hadde tilhørt deres felles hjem. Han satte kofferter med klær og dekketøy på traktorskuffa og kjørte det helt fram til døra. Han bar alt sammen inn og satte det fra seg på de blanke golvene. Resten kjøpte hun nytt. Han hjalp henne med å bære inn sofa og salongbord og store veggseksjoner. Han så hvor fint det ble. Alt var nytt og reint, det var bad og vaskerom, gjesterom i kjelleren, kjøkken med blanke kraner der vannet fosset, og ei stue med plass til en stor familie, og midt i alt dette skulle søsteren hans bo alene. Han syntes det var galskap, men likevel smittet gleden hennes. Han ble slått av hvor bestemt hun var. At hun visste nøyaktig hvordan hun ville ha det. Alt fra den blomstrete sofaen, de broderte putene, porselensfigurene hun plasserte i veggseksjonen. Som om hun hadde gått og planlagt alt sammen i lang tid. At hun hadde sett alt for seg den gangen da de fremdeles bodde under samme tak. Det slo ham at han ikke hadde visst hvem hun var. Og at det nå var for seint. De første kveldene alene var forunderlig stille. Det var blitt høst. Han la godt i ovnen, kjente varmen mot ansiktet og hørte ikke annet enn lyden av flammene. Selv om det nye huset hennes lå like bak haugen, måtte han kle på seg og gå et stykke nedetter veien før han så lysene. Slik er det fremdeles. Han må gå et stykke før han ser lyset fra utelampa, ingenting annet enn utelampa, som om hele huset har sunket inn og blitt borte i mørket. Før var det lys på kjøkkenet og i stua, noen ganger på badet. Det hendte han så henne gjennom stuevinduene, at hun satt i den blomstrete sofaen med et håndarbeid i fanget. Det hendte han stanset, sto der lenge, helt til hun løftet blikket mot vinduet, men hun kunne umulig ha sett ham. Alt hun kunne ha sett, var speilbildet sitt. Det hendte hun inviterte ham på middag. Da satt de sammen som før, bare at alt var nytt og fremmed, og etterpå drakk de kaffe, han i en av lenestolene, hun i den blomstrete sofaen, og alt var nesten som før, helt til han måtte gå. «Jeg får vel hjem,» sa han og reiste seg. Og hun svarte ikke, fulgte ham bare til døra. Han begynte å gå nedover i mørket, og så hørte han at hun vred låsen rundt. Og da snudde han seg. Han kunne ikke bli kvitt tanken på at han ikke hadde visst hvem hun var. Heller ikke nå, når han går den korte veien fra fjøset og bort til huset hennes og stikker nøkkelen i låsen. Han forsto aldri hvor hun fikk kjøpt alle porselensfigurene, han forsto ikke hvorfor hun ikke hadde kjøpt dem før, da de bodde sammen. Han likte dem jo, han også. Men det sa han aldri.

Han slår på lyset i gangen, tar av seg på beina og blir stående og lytte. Han går opp trappa til stua, slår på lyset og ser på alt sammen. Det er dette som står igjen. Alt det fine og fremmede hun må ha hatt i seg. Han ser til at alt er i orden på kjøkkenet. Han ser til at alt er i orden i stua. Så setter han seg i sofaen. Nøyaktig der hun satt da han sto utenfor på veien, og hun løftet blikket mot vinduet og umulig kunne ha sett noe annet enn seg selv. Han ser på de blomstrete tapetene, det er som om blomstene har begynt å vokse nå som hun er borte, at de brer seg langsomt utover veggene, utover sofaen og putene, at de til sist vil overta hele huset. Han kjenner at han lukter fjøs. Han sitter der lenge. Rører ingenting.

Gaute Heivoll

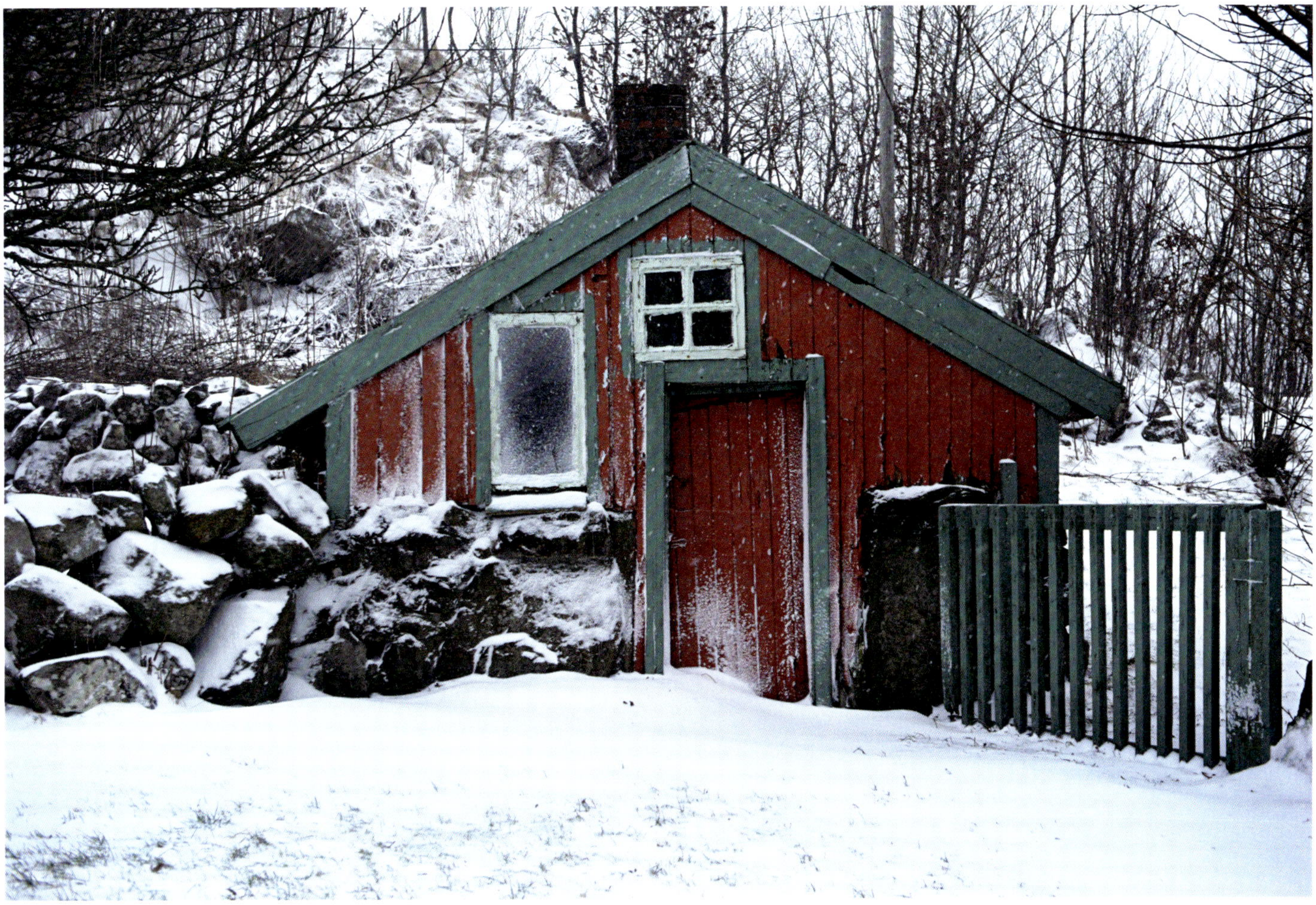

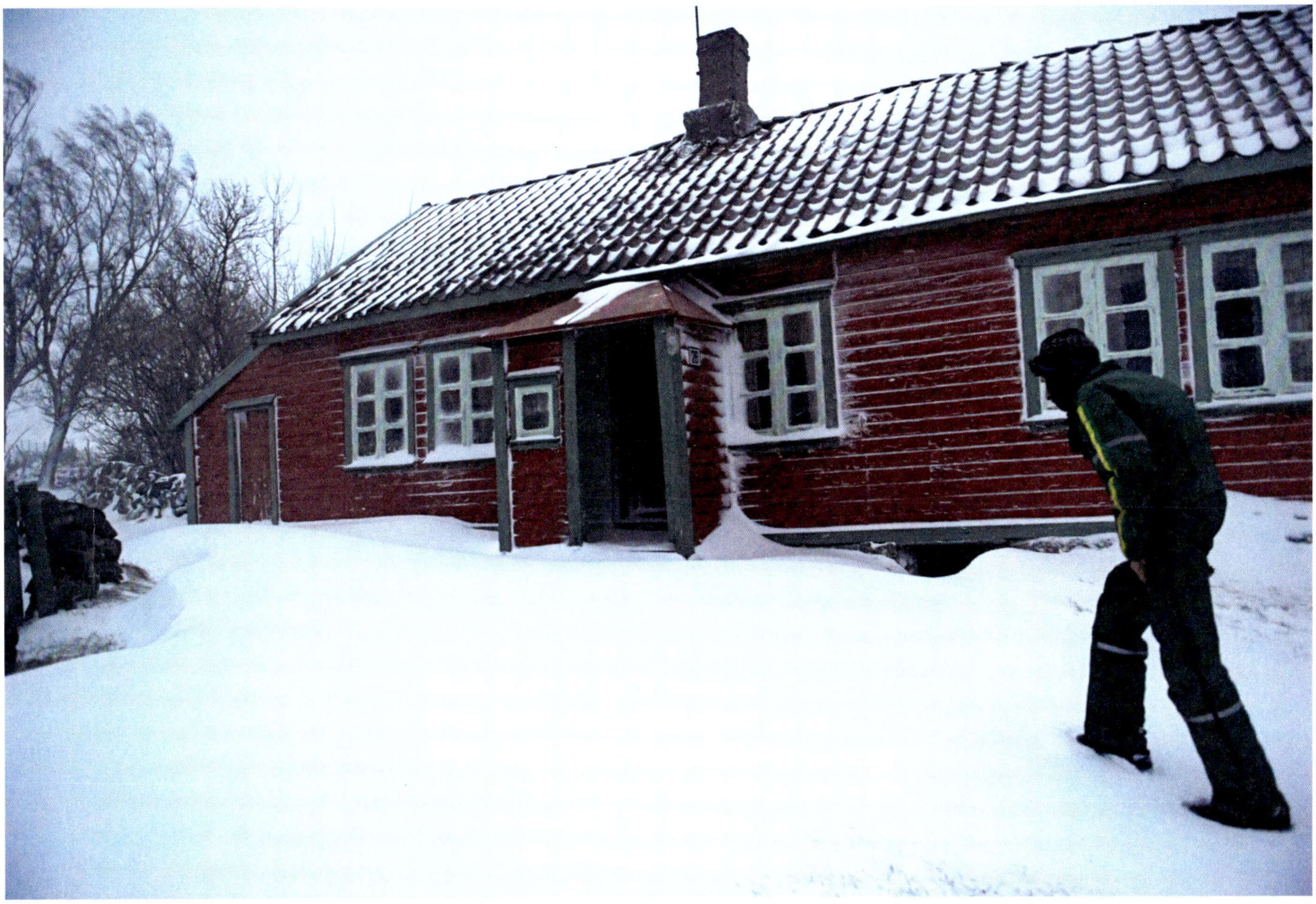

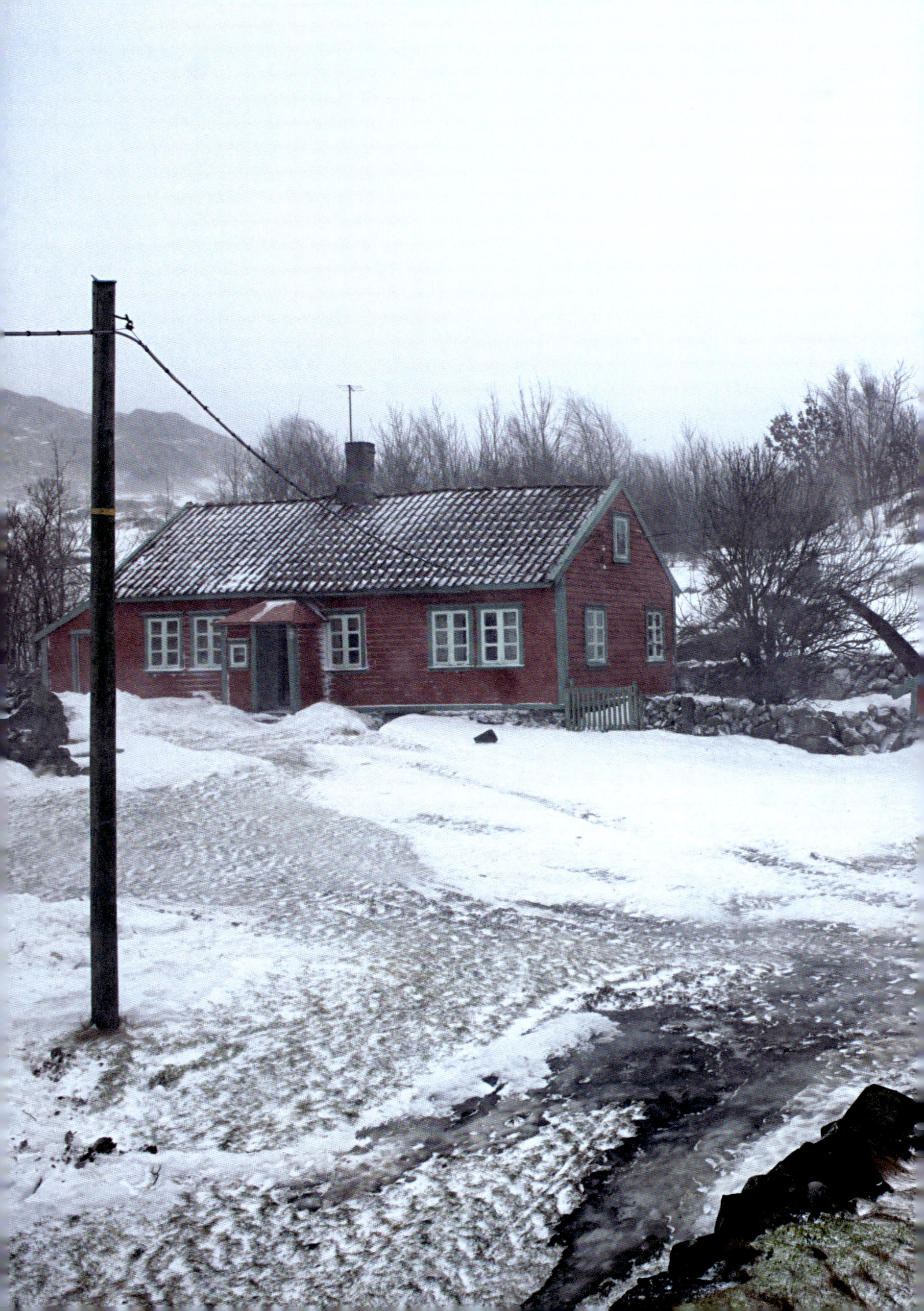

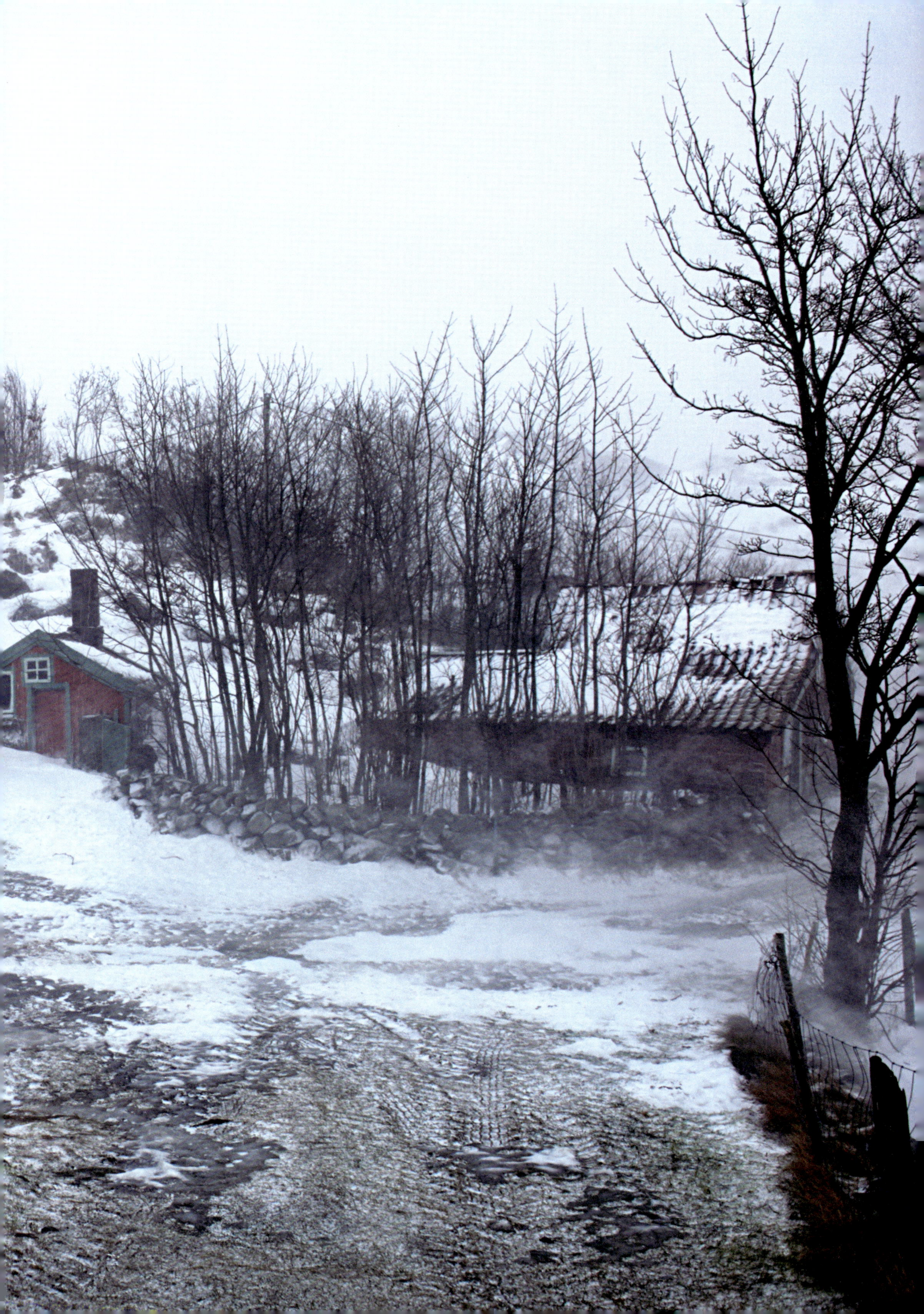

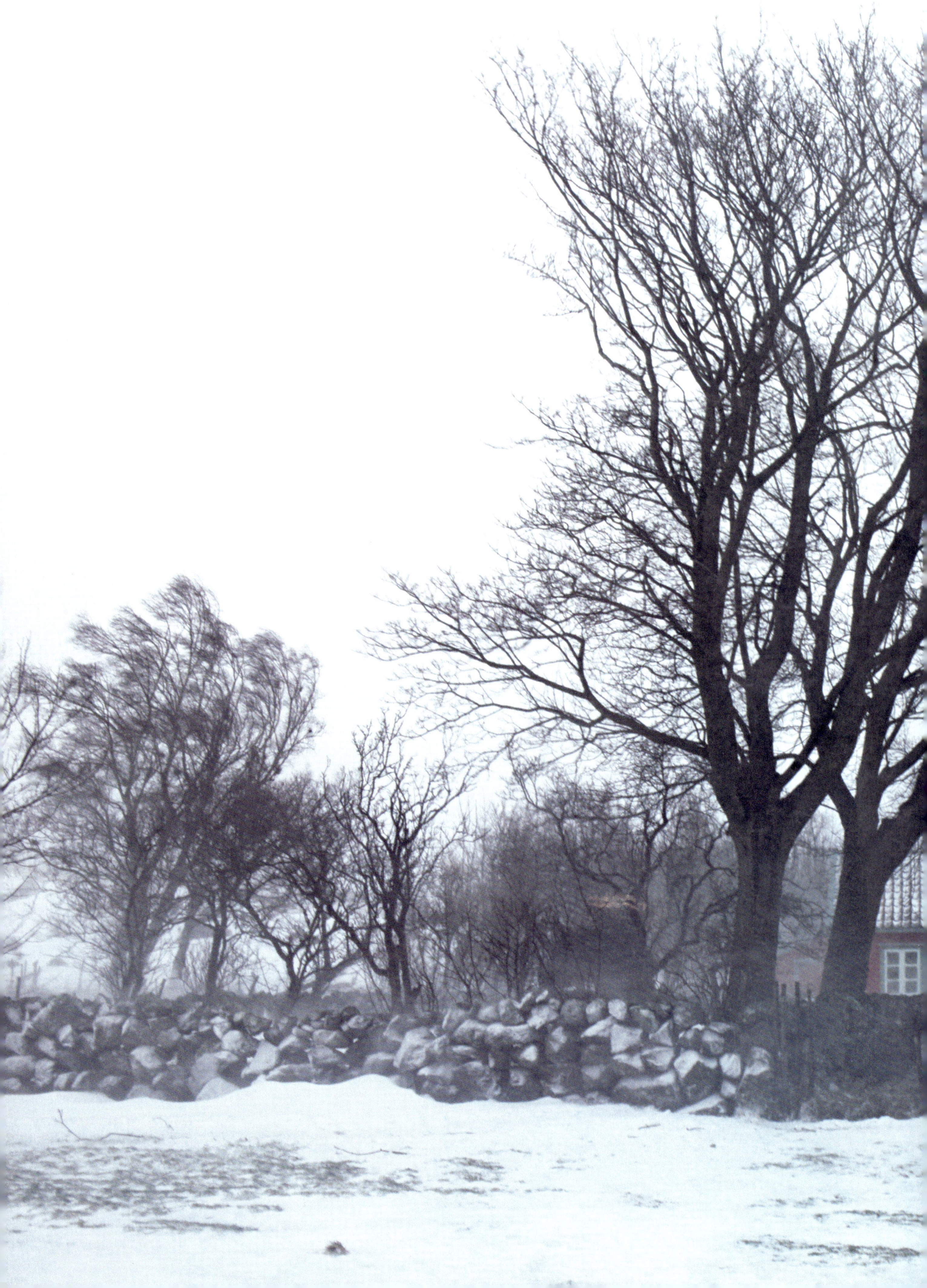

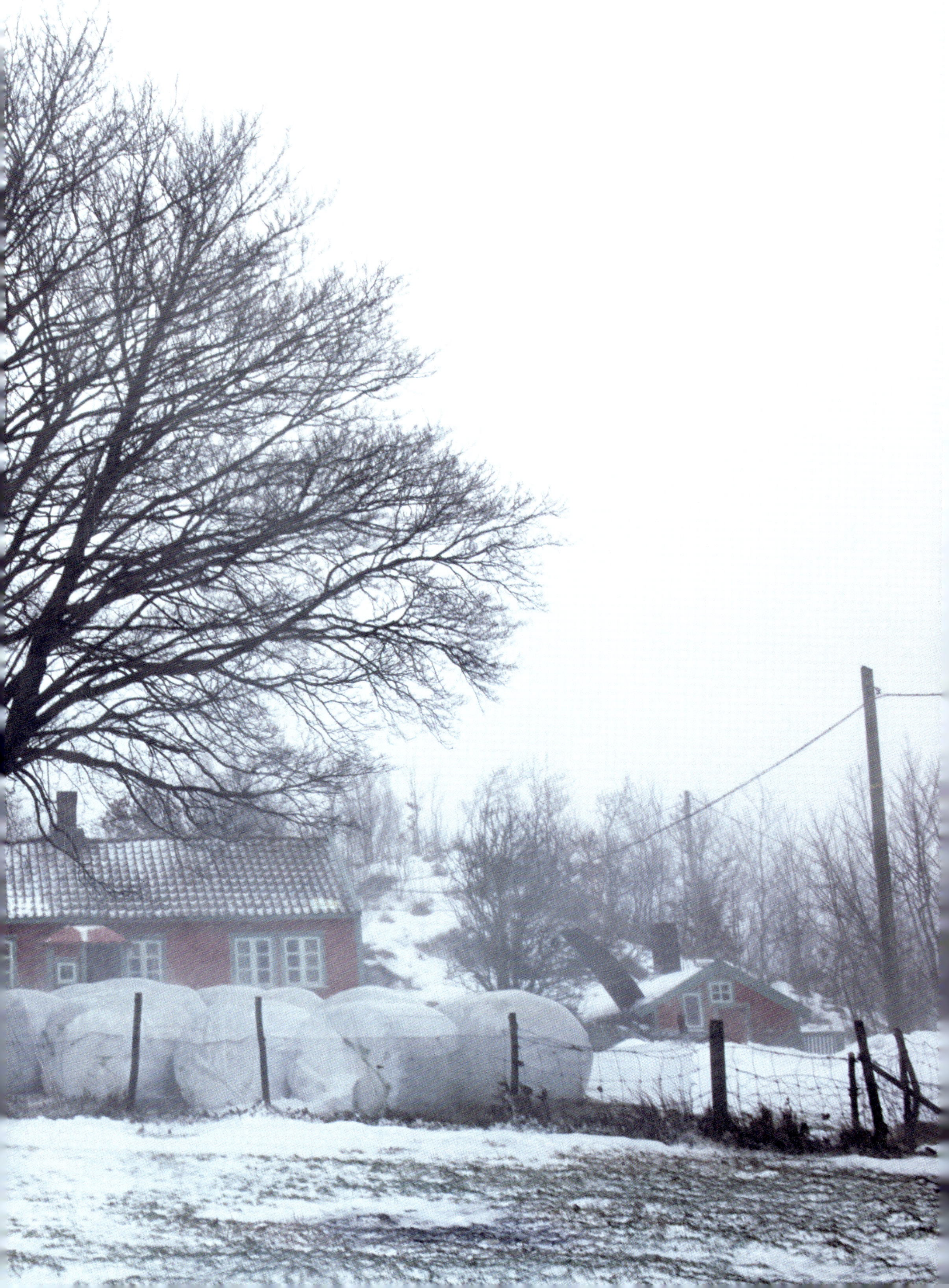

The story by Gaute Heivoll is a work of fiction inspired by the photographs in this book

With special thanks to Edvard Bjelland (b.1929), for his openess and his frankness and for welcoming me into his world. And Bergit Bjelland (1927-2011), who, sadly, I never met in person.

And to Gaute Heivoll, Sean Kinsella, Dewi Lewis, Julie Lydall, Gunhild Opsahl, Anita Ramberg, Sissel Rasmussen and Arne Samuelsen. Hå Gamle Prestegård for the original commission; Bresson for lending me a Leica S2; Ruben Kristiansen and André Johansen at Postproduksjon AS for their technical expertise.

Elin Høyland
August 2015

Published with the generous support of:

Fritt Ord
Ingrid L Langaards stiftelse
Norske Fagfotografers Fond
Rogaland Fylkeskommune

First published in the United Kingdom in 2015 by
Dewi Lewis Publishing
8 Broomfield Road, Heaton Moor
Stockport SK4 4ND, England
www.dewilewis.com

ISBN: 978-1-907893-76-6

Design: Dewi Lewis Publishing
Bror|Søster translation: Sean Kinsella
Print: EBS, Verona, Italy